Lebe wild und gefährlich

Das Buch

Endlich: Das ultimative Handbuch für alle Hunde, die wissen, was sie wollen. Hier kommen keine selbsternannten »Hundeflüsterer« zu Wort, sondern hund erfährt von seinesgleichen, wie man am effektivsten bei Tisch bettelt, aus einem umzäunten Garten ausbricht, Herrchen vor anderen Leuten gründlich blamiert oder dafür sorgt, dass manche Gäste nie wiederkehren. Außerdem zeigt dieses Buch, was es mit Katzen wirklich auf sich hat, worin man sich am besten wälzt, was die mutigsten Hunde auszeichnet, wie man Briefträger verjagt, welche Schuhe sich am besten zerbeißen lassen und vieles andere mehr.

Ein witziger und liebevoller Lebensratgeber für Hunde, in dem Hundhalter die Wahrheit über ihre Vierbeiner erfahren.

Der Autor

Hasso von der Leine wurde beim Verfassen dieses Buches unterstützt von Joe Garden, Janet Ginsburg, Chris Pauls, Anita Serwacki und Scott Sherman, allesamt Mitarbeiter des Satiremagazins *The Onion* und mal stolze, mal geplagte Hundebesitzer.

Hasso von der Leine

Lebe wild und gefährlich

Alles, was ein Hund wissen muss

Unter Mitarbeit von Joe Garden,
Janet Ginsburg, Chris Pauls, Anita
Serwacki und Scott Sherman und
mit Zeichnungen von Emily Flake

Aus dem Amerikanischen von
Dagmar Andrea Sivas

List Taschenbuch

Besuchen Sie uns im Internet:
www.list-taschenbuch.de

Mix
Produktgruppe aus vorbildlich bewirtschafteten Wäldern und anderen kontrollierten Herkünften
www.fsc.org Zert.-Nr. GFA-COC-001223
© 1996 Forest Stewardship Council

Dieses Taschenbuch wurde auf FSC-zertifiziertem Papier gedruckt. FSC (Forest Stewardship Council) ist eine nichtstaatliche, gemeinnützige Organisation, die sich für eine ökologische und sozialverantwortliche Nutzung der Wälder unserer Erde einsetzt.

Ungekürzte Ausgabe im List Taschenbuch
List ist ein Verlag der Ullstein Buchverlage GmbH, Berlin
1. Auflage Juli 2010

Titel der amerikanischen Originalausgabe: *The Dangerous Book for Dogs* unter den Autorennamen Rex & Sparky (Villard Books, an Imprint of The Random House Publishing Group, a division of Random House, Inc. New York)
Konzeption: semper smile Werbeagentur GmbH, München
Umschlaggestaltung: bürosüd° GmbH, München
Satz: LVD GmbH, Berlin
Gesetzt aus der Leawood Book und Dorchester Script
Papier: Munkenprint von Arctic Paper Munkedals AB, Schweden
Druck und Bindearbeiten: CPI – Clausen & Bosse, Leck
Printed in Germany
ISBN 978-3-548-60972-0

Für Marley

Inhalt

Vorwort 11
Was man alles jagen kann 15
Betteln: ein Leitfaden 21
Die Ursprünge des Bellens 29
Schwimmen 33
Mutige Hunde der Weltgeschichte – Teil eins 39
Schuhe – Ratschläge eines Experten 45
Katzen 50
Eine Hundehütte bauen 56
Wie man demütigender Verkleidung entkommt 60
Heldenhafte Wanderungen – Teil eins: die Landbrücke 67
Befehle verstehen lernen 73
Häufchen machen: ein brisantes Thema 77
Aus einem umzäunten Gelände entkommen 81
Große Hundekämpfe – Teil eins 88
Fragen über Gott und die Welt 93
Wie man eine bittere Pille aus einem Erdnussbutterbällchen entfernt 99
Vier Duftnoten, in denen sich jeder Hund mal gewälzt haben sollte 104
Literatur 109

Sternbilder 112
Mutige Hunde der Geschichte – Teil zwei 116
Wie man einen Knochen auswählt und vergräbt 121
Eichhörnchen 128
Wie man sich bei Gewitter verhält 134
Heldenhafte Wanderungen – Teil zwei: Die Argo 138
Autofahren 142
Hundejobs 148
Was man alles fressen kann 155
Territorium – was das ist, warum es dir zusteht und weshalb du es unter allen Umständen verteidigen musst 162
Die Entstehung von Parks 166
Geräusche, die Menschen nicht hören können 172
Fünf Dinge, die jeder Hund besitzen sollte 177
Die Grundregeln des Apportierens 180
Große Hundekämpfe – Teil zwei 185
Hündinnen 189
Wie man Herrchen wie einen Idioten aussehen lässt 192
Mit Kreaturen leben, die sich bei dir eingenistet haben 199
Baden 203
Pawlow 208
Spielsachen selbstgemacht 214
Wie man seinen Platz innerhalb des Rudels findet 223
Verfolgungsträume 229

Waschbärenhetze 233
Wegweisende Darbietungen von Hunden in der Filmgeschichte 238
Heldenhafte Wanderungen – Teil drei: Chicago 244
Wie man sich aus Wäschestücken ein Körbchen baut 249
Kurzer historischer Abriss über Hunde in Kriegen der Menschheit 255
Der richtige Riecher 260
Mutige Hunde in der Geschichte – Teil drei 265
Wie man eine Party platzen lässt 269
Kreatives Pinkeln 274
Die vergessene Kunst des Entenjagens 280
Einen neuen Menschen erziehen 286
Gib Pfötchen 291
Legendäre Hunde aus dem Park 296
Die beste Kraulstellung der Welt 301
Hundeplaketten 304

Danksagung 307
Die Co-Autoren 309
Die Illustratorin 311

Vorwort

Als ich ein junger Hund war, hätte ich gerne so ein Buch gehabt

Es ist noch gar nicht so lange her, da waren wir Hunde für die Menschen eine Notwendigkeit – und nicht nur ein modisches Anhängsel. Wir fingen widerspenstige Schafe und brachten den Bergsteigern wärmenden Kognak; wir waren dem Feuerwehrmann ein geschätzter Begleiter, dem Schrotthändler ein gewissenhafter Wächter und ein treu ergebener Freund für jedermann; wir konnten durch die Gegend streunen, weil wir selbst für unseren Lebensunterhalt sorgten, und unsere Aggressivität und Umtriebigkeit wurden gepriesen, statt an die Leine genommen zu werden. Es waren Zeiten, in denen wir uns frei bewegen konnten und nicht in gerüschten rosafarbenen Taschen herumgetragen wurden; Zeiten, in denen man uns einfach mit dem Gartenschlauch abspritzte, statt uns in den Hundesalon zu tragen. Es war die Zeit v. D. – vor der Domestizierung –, als wir sein konnten, was wir sind: Hunde.

Im heutigen Zeitalter des Gehegt- und Gepflegtwerdens scheinen wir den Bezug zu den größten Freuden des hündischen Daseins verloren zu haben – Freuden, wie sie die gleichmütige Dogge, der quirlige Chihuahua und irgendein kläffender alter Hund aus dem Tierheim instinktiv teilen: die stinkendsten Stellen aufzuspüren, um sich dort im Dreck zu wälzen, den leicht erdigen Geruch teurer Sandaletten zu erschnüffeln – und, natürlich, Hündinnen zu besteigen.

Auf den folgenden Seiten wirst du tolle Berichte über Mut und Tapferkeit lesen, wie etwa den des Hundes, der als Erster Nordamerika betrat. Du erfährst, wie mutige Hunde im Krieg zu großem Ruhm gelangten. Du wirst etwas über die herausragenden Hollywood-Hunde-Darsteller erfahren und auch, was es bedeutet, ein wahrer Hund zu sein.

Was ist die beste Kraulstellung der Welt? Wie entkommt man der demütigenden Attacke des Verkleidens? Kann man jemals seinen eigenen Schwanz fangen? Die Antworten darauf findest du hier. Aber dieses Buch steckt nicht nur voller wertvoller Ratschläge, sondern bringt dir auch die aufregende, ungezügelte Vergangenheit deiner Spezies nahe. An dieser Stelle sei ein altes hündisches Sprichwort zitiert: Wuffffffff, wuff, wuff, wufffffffffff! Das ist heute so zutreffend wie in den Zeiten unserer ungezähmten Vorfahren.

Hätte ich als junger Hund doch nur ein Buch wie dieses gehabt. Allzu oft geben wir Hunde uns mit siebzehn Stunden Schlaf am Tag zufrieden, hin und wieder unterbrochen von einer kurzen Pause, ohne zu wissen, was für großartigen Spaß wir haben könnten: eine Katze den Baum hinaufjagen, uns am offenen Autofenster den Wind ins Gesicht wehen lassen oder aus der frisch gewaschenen Wäsche unseres Herrchens ein bequemes Bett bauen.

Hat man ein bestimmtes Alter erreicht, wird alles zur Routine. Die Türglocke regt einen nicht mehr so auf wie früher, die Hinterteile im Park riechen alle gleich, und der Traum, auf offenem Weideland Schafe zu hüten, ist längst verblasst.

Doch auch heutzutage sollten Hunde wissen, dass es da draußen eine große aufregende Welt gibt. Ich hoffe, dass du dich durch dieses Buch nicht nur an deine Tage als junger Hund erinnern wirst, sondern sie auch wieder real aufleben lässt. Wuffffffff, wuff, wuff, wufffffffffff – ja, genau.

Was man alles jagen kann

Nichts unterbricht die Monotonie des Alltags so gut wie eine tolle Jagd. Man trainiert die Koordination von Augen und Schnauze, hat viel Bewegung und auch noch jede Menge Spaß. Das Jagen ist außerdem ein altes Ritual unserer Spezies, das zu vielen wichtigen kulturellen Fortschritten geführt hat, wie etwa dem Apportieren und letztendlich sogar dem Schwimmen.

Tatsächlich kann man alles jagen, was sich bewegt: ferngesteuerte Autos, Kleinkinder, Katzen, Gegenstände, die lediglich in der Phantasie existieren – die Liste ist endlos. Der Übersichtlichkeit halber haben wir uns auf die besten Jagdobjekte beschränkt und keine Tiere aufgeführt. Denen widmen wir uns in aller Ausführlichkeit später.

REGELN

Die goldene Regel des Jagens lautet: Wende niemals den Blick ab von deinem Jagdobjekt. Denn sonst geraten dir noch all die vielen anderen Dinge ins Blickfeld, die du jagen könntest. Und was fängst du, wenn du versuchst, zwei Dinge auf einmal zu jagen? Nichts! Und ein Jagdobjekt nicht zu fangen macht einfach keinen Spaß, besonders wenn es dich dabei auch noch auslachen kann.

Frisbee

Die Frisbeescheibe macht am meisten Spaß. Sie fliegt wie ein Vogel, ist aber viel leichter zu fangen, denn früher oder später fällt sie zu Boden. Außerdem wirst du feststellen, dass du deine Zähne bemerkenswert einfach in eine Frisbeescheibe hineinbohren kannst. Versucht dein Herrchen, dir die Scheibe wegzunehmen, dann verteidige sie so lange wie möglich. Aber Vorsicht: Eine Frisbeescheibe kann in der Luft trudeln, flattern und abrupt die Richtung ändern – das liegt am Wind oder auch daran, dass dein Herrchen nicht besonders gut Frisbee spielen kann. Trau niemals einer Frisbeescheibe, bis du sie nicht fest im Maul hast. Es ist ihr ohne weiteres zuzutrauen, dass sie plötzlich den Kurs wechselt und dir an den Kopf knallt.

Bälle

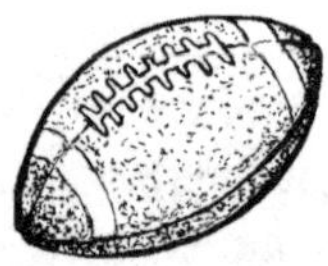

Bälle gibt es in zwei seltsamen Formen: rund und oval. Anders als eine Frisbeescheibe hat ein Ball die

Tendenz, sich nach dem Aufprall unberechenbar über den Boden zu bewegen – ähnlich wie ein Tier. Na prima! Präg dir daher dein Territorium gut ein, damit du vorhersehen kannst, welche Richtung der Ball einschlagen könnte. Aus für Hunde nicht einsehbaren Gründen rollen Bälle übrigens eher einen Hügel hinunter als hinauf. Ovale Bälle sind besonders schwer zu packen, es sei denn, sie sind aus Schaumstoff. In diesem Fall kannst du dich ins Zeug legen und sie in tausend Stücke zerreißen. Runde Gummi- oder Tennisbälle springen sehr oft auf und können ohne weiteres erwischt werden.

Stöcke

Stöcke sind zwar nur kleine Teile eines Baumes, nehmen aber in der gemeinsamen Geschichte von Hund und Mensch eine besondere Stellung ein. Viele sind davon überzeugt, dass Stöcke die ersten Gegenstände waren, die der Mensch für den Hund geworfen hat. Ihr Design lässt sie jedoch nicht besonders weit fliegen. Normalerweise eignen sie sich gut, um Apportieren zu spielen (siehe S. 180). Aber Vorsicht: Es gibt stockähnliche Objekte, die sich bewegen und sogar beißen können. Präg dir folgende Regel ein: Wenn das Ding versucht, dich zu beißen, ist es kein Stock, sondern eine Schlange. Schnapp nicht nach der Schlange!

Der eigene Schwanz

Das Wunderbare an deinem Schwanz ist, dass er immer da ist, stets bereit für einen kleinen Zeitvertreib. Selbst wenn du gerade in Schwierigkeiten steckst, weil du den Hackbraten aufgefressen hast und niemand mehr mit dir spielen will – dein Schwanz steht immer für eine Verfolgungsjagd zur Verfügung. Er fordert dich wedelnd auf, ihn zu jagen. Wenn du einer Rasse angehörst, die einen kurzen oder gar keinen Schwanz hat, oder wenn du deinen Schwanz unglücklicherweise verloren hast, dann stellt dieses Spiel natürlich eine echte Herausforderung dar. In diesem Fall kann man »Schwanz« durch »Hinterteil« ersetzen, obwohl es natürlich nicht in gleicher Weise wedelt. Ob du es nun fangen kannst oder nicht, spielt keine Rolle. Hier liegt der Nervenkitzel im Jagen selbst. Und die Jagd ist einfach großartig.

Autos

ACHTUNG:
Dieser Absatz ist nur für fortgeschrittene Jäger. Du kannst und solltest ein Auto nicht wirklich jagen.

Autos sind schrecklich schwer, extrem unkameradschaftlich und können dir unter Umständen Schaden zufügen. Allerdings gibt es nichts Aufregenderes, als einem Auto nachzujagen. Autos sind so schön spannend und schnell! Sollte jemals eines stehen bleiben und sich die Tür öffnen, dann schau genau hin: Wenn die Person freundlich aussieht, dann nichts wie hinein!

Belohnungen

Sollte dein Besitzer mit einem Leckerli werfen, bring es ihm bitte nicht zurück. Er würde dich für verrückt halten.

EIN BESONDERER HINWEIS FÜR ANGEDEUTETE WÜRFE:
Herrchen, die zu ihrem eigenen Vergnügen Würfe lediglich antäuschen, sind gemein. Solltest du mit diesem Trick noch nicht vertraut sein, hier die Erklärung. Dein Besitzer wird dir etwas zeigen, was extrem gut als Jagdobjekt geeignet ist – zum Beispiel einen hübschen Ball. Er wird damit so lange vor dir herumfuchteln, bis du bereit bist, ihm den Ball aus der Hand zu reißen, egal welche Folgen das haben könnte. Sobald er deine Aufmerksamkeit besitzt, holt er mit dem Arm weit aus und schleudert ihn nach vorne, als würde er werfen, behält den Ball in Wahrheit aber in der Hand. Das kann bei dir zu Verwirrung und Angstzuständen

führen. Du fragst dich: Wohin ist der Ball geflogen? Sobald du diesen Trick durchschaut hast, solltest du alles daransetzen, deinen Besitzer so zu konditionieren, dass er sein Verhalten ändert: Bleib einfach still stehen und starr ihn mit heraushängender Zunge an. Irgendwann wird er sich unwohl in seiner Haut fühlen und aufhören, dich zum Narren zu halten.

Betteln: ein Leitfaden

»AUS!« – ein hässliches Wort. Eines, das wir alle schon unzählige Male gehört haben, ob wir nun auf ein Bett gesprungen sind, uns in eine Schachtel Donuts hineingewühlt oder am Bein des zu Besuch weilenden chinesischen Botschafters gerammelt haben. Aber wer von uns schenkt diesem Ausruf schon Beachtung? Und warum auch?

Nirgendwo hören wir »Aus« öfter als am Esstisch. Was die häufigsten Methoden der Nahrungsbeschaffung angeht, rangiert Betteln hinter dem Fressen aus dem Napf auf Rang zwei, noch vor dem Durchwühlen von Abfall. Zum Betteln sind wesentlich ausgereiftere Techniken nötig. Korrekt ausgeführt, kann dabei ein schmackhafter Happen menschlicher Nahrung herausspringen. Im Allgemeinen quittieren unsere Herrchen unsere Bemühungen mit einem Stirnrunzeln, weil sie sie für beschämend und unwürdig halten. Nichts aber liegt der Wahrheit ferner.

Wer ein Zuhause hat, in dem Betteln absolut tabu ist, darf sich davon nicht entmutigen lassen. Außer der Drohung, aus dem Esszimmer vertrieben zu werden, sollte einen nichts vom Betteln abhalten, besonders dann, wenn ein Festessen zu Ehren des chinesischen Botschafters gegeben wird und Wiener Würstchen auf dem Speiseplan stehen.

Es gibt viele verschiedene Meinungen darüber, welche denn nun die erfolgreichste Technik des Bettelns ist. Unter Hunden wird die Frage seit Hundegedenken diskutiert, aber schlussendlich muss jeder seinen eigenen Stil finden. Gleich für welche Methode du dich entscheidest, im Folgenden findest du einige Richtlinien, an die du dich halten solltest.

DIE RICHTIGE FORM

Haltung

Ist dein Kopf aufgerichtet, dein Rücken gerade? Sitzt du so bequem, dass du in dieser Position ein Fünf-Gänge-Menü durchhältst?

Augen

Der eine oder andere Happen wird allein mit einem Augenaufschlag gewonnen (oder verloren). Du kannst einen unterwürfigen, verzweifelten oder hoffnungsfrohen Blick wählen. Aber wofür auch immer du dich entscheidest, stell sicher, dass du in Blickkontakt mit deinem Herrchen bleibst. Du hypnotisierst es geradezu. Dein Besitzer muss dir tief in die Augen sehen. Er unterliegt deiner Kontrolle. Und er wird dir das Steak geben. Er wird ... dir ... das Steak ... geben. Um das beste Resultat zu erzielen, darfst du nicht einmal blinzeln. Kein einziges Mal.

Ohren

Dein Körper hört nicht beim Kopf auf, und so sollte auch deine Betteltechnik darüber hinausgehen. Bring immer auch deine Ohren zum Einsatz. Herabhängende Ohren sollten so weit wie möglich zur Seite gestellt werden. Spitze Ohren sollten aufgerichtet und gespitzt sein. Vergiss nicht, eine gute Haltung fängt bei den Ohren an und hört bei den Pfoten auf. Nutz jeden Zentimeter dazwischen zu deinen Gunsten.

SEI WACHSAM

Blickkontakt ist der Schlüssel zum Erfolg. Aber sei nicht nur darauf aus, direkt von deinem Herrchen gefüttert zu werden, sonst entgeht dir womöglich ein Häppchen, das zu Boden fällt. Streng betrachtet handelt es sich dabei um Tischabfall und nicht um das Resultat deines Bettelns, aber Fressen, das direkt vor deine Pfoten fällt, ist ein ehrlicher Gewinn. Reagier schnell, bevor das gute Stück in den Müll wandert.

SEI GEDULDIG, ABER HARTNÄCKIG

Die Bettelei läuft oft auf einen reinen Machtkampf hinaus, deshalb darfst du unter keinen Umständen aufgeben. Das eine oder andere Herrchen kann man mit einem sanften Stups, einem freundlichen Klaps oder einem anhaltend schmachtenden Blick mürbe machen. Sicher: Selbst die erfahrensten Bettler unter uns würden manchmal am liebsten aufgeben. In solchen Momenten musst du dir eine wichtige Frage stellen: Was ist stärker? Der Wille deines Herrchens oder dein Verlangen nach einem saftigen Schweinekotelett? Horch tief in deinen Magen hinein – dort wirst du die Antwort finden.

BLEIB BEI BEWÄHRTEN TECHNIKEN

Hat etwas früher schon einmal funktioniert? Dann wird es wieder funktionieren! Du hast ein »Nein« gehört, aber ein »Ja« gesehen, du wurdest als »blöder Hund« beschimpft, aber wenig später hattest du ein Stück Teriyaki-Hühnchen im Maul – was auch immer du getan hast, war also richtig und wird auch beim nächsten Mal klappen. Und wenn nicht …

VERSUCH ETWAS NEUES

Wenn du nicht zum Ziel kommst und das Essen auf dem Tisch zusehends weniger wird, probier eine neue Technik aus. Leg deine Pfote auf den Schoß von jemandem. Versuch dein Glück am besten bei der jüngsten Person am Tisch. Dann stell dich auf die Hinterläufe oder leg den Kopf schräg. Bleib stets unvoreingenommen. Du weißt nicht, was funktionieren könnte, bevor du es nicht ausprobiert hast. Es folgen einige Vorschläge, die sich bewährt haben:

Den jungen Hund aus dem Tierheim mimen

Jeder von uns hat eine traurige Geschichte zu erzählen, wenn wir nur innehalten und darüber nachdenken. Ein verloren gegangenes Lieblingsspielzeug; ein Abend, an dem man erst um elf Uhr nachts zu fressen bekommen hat; wie man einmal aus dem Bett vertrieben wurde ... Du kannst jede herzzerreißende Geschichte in ein handfestes Extra-Häppchen umwandeln. Achte nur darauf, dass dein Herrchen sich schuldig fühlt. Spiel so lange mit seinen Gefühlen, bis sich die Dinge zu deinen Gunsten entwickeln.

Verletzungen vortäuschen

Dein Herrchen ist ganz einfach dazu zu bewegen, dir eine Wurst zu geben. Häng einfach trübsinnig im Haus herum oder täusch ein leichtes Humpeln vor, und du wirst binnen kürzester Zeit vom Tisch fressen. Aber sei vorsichtig und schieß nicht über das Ziel hinaus. Wirkt irgendetwas zu theatralisch oder übertrieben, spürt dein Besitzer, dass du schwindelst. Du willst überzeugen, ohne allzu viel Sorge hervorzurufen. Du solltest also keine wirklich ernsthafte Verletzung mimen. Das Letzte, was du erreichen willst, ist ein Spontanbesuch beim Tierarzt zur Abendessenszeit. Eine verletzte Pfote ist immer plausibel, und in der Regel kommt man damit sehr gut durch.

Umgekehrte Psychologie

Diese Technik ist brillant und recht lohnenswert, aber nicht ganz einfach umzusetzen. Mal angenommen, ein gebratener Truthahn inklusive Sauce kommt auf den Tisch. Augenblicklich trottest du aus dem Zimmer, suchst dir ein Spielzeug und tust so, als fändest du alles andere interessanter als diesen köstlichen Braten, den du noch nicht einmal probieren willst. Tu so, als würde dieser köstliche goldbraune Braten dich zu Tode langweilen und als könntest du es kaum erwarten, bis dein Herrchen mit diesem völlig uninteressanten, zart gebratenen Festessen mitsamt Beilagen fertig ist. Ob du es glaubst oder nicht, dein Besitzer wird sich fragen, wo du bist und warum du nicht bei Tisch bist, um zu betteln. Und dann wird er nach dir suchen und dir etwas zu fressen bringen. Ja, richtig, er wird dir *das Fressen bringen*. Umgekehrte Psychologie ist ein schlichtes und effizientes Mittel, das Wunder wirkt. Leider ist es für viele Hunde in der Durchführung absolut unmöglich. Aber es ist einen Versuch wert. Wenn du die Disziplin aufbringen kannst, dann zahlt sich diese Methode in großem Stil aus.

Zwar sind Zeit- und Kraftaufwand hoch – aber die Ausbeute reichhaltig und eine Gaumenfreude. Grundsätzlich gilt: Sei stark, sei schnell und bleib an Ort und Stelle. Dein Herrchen liebt dich. Dein Herrchen ist schwach. Dein Herrchen wird nachgeben.

Die Ursprünge des Bellens

Hast du dich jemals gefragt, woher unser alltägliches Bellen kommt? Vielleicht wird eines Tages ein ehrgeiziger Hund die etymologischen Wurzeln der nahezu 180 000 Bell-Laute auflisten, die derzeit verwendet werden, aber bis dieses Wörterbuch geschrieben ist, stellen wir hier die Ursprünge einiger unserer liebsten Lautäußerungen vor.

Ruhruhruhruhruh: »Jemand ist an der Tür«. Dieses Bellen geht auf die altertümlichen, indoeuropäischen Bell-Laute »Rrrrrr« mit der Bedeutung »Vorsicht!« und »Mmbuhmmbuh« mit der Bedeutung »Besucher« zurück.

Ooouuu!: Ou Asztalos, ein ungarischer Kuwasz, gilt als der erste Hund, der die Entfernung von der Erde zum Mond abschätzen konnte – basierend auf der Zeit, die verging, bis sein gejaulter Vorname als Echo wieder auf der Erde zu hören war. Nach dieser bahnbrechenden Entdeckung im Jahr 1379 wurde Ou zu einem Synonym für »zum Mond gerichtetes Jaulen«.

Grrrrr: Die Grs, eine Meute Pharaonenhunde,

mussten neben dem Thron von Amenhotep IV. sitzen. Sie hatten die Anweisung, unter fremdländischen Gesandten Angst und Schrecken zu verbreiten, indem sie während ihres Besuchs beim Pharao dauernd leise, aber bedrohlich knurrten.

Wuff: Obwohl die etymologischen Wurzeln des Wortes »Wuff« immer wieder neu diskutiert werden, herrscht die Meinung vor, dass diese allgemeine Begrüßung zum ersten Mal im fünften vorchristlichen Jahrtausend verwendet wurde, als die Chinesen ihre Methoden der Tierhaltung weiterentwickelten. Die Chinesen stellten sich ihren hündischen Mitarbeitern mit folgenden Worten vor: »Wu-duh ming-d'zi« (»Mein Name ist …«). Und der Hund antwortete genauso: »Wu-duh ming-d'zi.« Im Lauf der Zeit vereinfachten die Hunde ihre Sprache, um effizienter kommunizieren zu können, und verkürzten die Begrüßung auf »Wu-duh«, woraus schließlich »Wuff« wurde.

Arf: »Ark«, wie es auf Althochbellerisch noch hieß, bedeutete »los«. So bellte ein Hund zu Beginn eines Turniers und signalisierte den gegnerischen Reitern damit, ihre Lanzen zu heben. Als diese Art zu bellen über den Kanal nach Frankreich kam, wandelte sich »ark« in »arf«, und die Bedeutung weitete sich aus. Heute verwenden wir den Bell-Laut »arf«, um ein Herrchen anzuweisen, den Ball zu werfen.

Ruff: Wie so viele Slangbegriffe in unserer Gesellschaft hatte »Ruff« seinen Ursprung in einem Tierheim und wurde als Erstes unter dessen Bewohnern populär. Freche Hunde in einem Tierheim in Lawrence in Kansas verwendeten das Wort – als Teil einer komplexen Geheimsprache – sogar in Anwesenheit ihrer Wärter. Plante ein Hund einen Ausbruch, murmelte er das Wort »Ruff«, denn er musste dazu den Kiefer nur minimal bewegen (worauf die Wachen als Zeichen drohenden Unheils besonders achteten). Das Wort wird inzwischen verwendet, wann auch immer ein Hund nach draußen will, obwohl sein Herrchen am liebsten zu Hause bleiben möchte.

Yip! Yip! Yip!: Der relativ neue Bell-Laut »Yip! Yip! Yip!« geht zurück auf spanisches Bellen und kam auf einigen Umwegen in Mode. Königin Isabella II. von Spanien besaß einen wertvollen Ratonero-Bodeguero-Andaluz (Übersetzung: Andalusischer Weinkellerrattenhund) namens Rodrigo, der schrecklich stotterte. Wenn der Terrier im Weinkeller der Königin eine Ratte fand, versuchte er den Kellermeister auf Spanisch aufmerksam zu machen: »Aquí!« (»Hier!«) Leider brachte Rodrigo nicht mehr heraus als: »Aq-aq-aq!« Rodrigo schämte sich, aber die Königin liebte ihren Ratonero-Bodeguero-Andaluz so sehr, dass sie allen Hunden in Spanien befahl, stotternd zu bellen. Zu Beginn des zwanzigsten

Jahrhunderts wurde aus »Aq-aq-aq« die amerikanisierte Version »Yip! Yip! Yip!«, aber es blieb gleichermaßen das Bellen der Wahl für Hunde reicher Erbinnen und königlicher Hoheiten.

Schwimmen

Schwimmen ist keineswegs eine unangenehme Pflicht wie etwa ein Wannenbad. Beim Schwimmen planschst du einfach in kühlem Wasser herum und genießt diese Erfahrung. Manchmal gibt es auch in stehenden Gewässern Schaum wie in der Badewanne. Aber man hat dort viel mehr Platz, herumzutoben und sich zu vergnügen, als in einer mickrigen Wanne.

Menschen schwimmen manchmal aus einem Bedürfnis heraus. Vielleicht, um anschließend einen Drink an der Bar zu nehmen oder weil am Boden eines Springbrunnens so viele glitzernde Geldstücke liegen. Glücklicherweise müssen wir die menschliche Logik nicht verstehen. Hauptsache, sie lassen uns,

wenn sie in die Nähe von Wasser kommen, hineinspringen und wilden Spaß haben.

Du solltest darauf achten, nicht direkt nach dem Fressen ins Wasser zu gehen. Warte nach der Nahrungsaufnahme auf jeden Fall mindestens fünfzehn Sekunden.

Man kann auf zweierlei Weise ins Wasser gelangen: laufen oder eintauchen. Ins Wasser hineinzulaufen ist lustig, aber Eintauchen ist beeindruckender. Beim Eintauchen springst du vom sicheren Boden ab, segelst durch die Luft und landest im Wasser. Am schönsten ist es in der Luft, deshalb solltest du dich beim Fliegen unbedingt umsehen. Eine öffentlich zugängliche Absprungstelle für einen solchen Sprung wird auch Steg genannt, und in der Regel landest du von dort aus in einem See.

Falls du Glück hast und in einem vom Menschen geschaffenen Schwimmbecken planschst, solltest du nach dem Sprungbrett suchen. Damit kannst du richtig hoch hüpfen und hast ausreichend Flugzeit, um einen besonderen Sprung hinzulegen.

Wir empfehlen dir für deine Sprünge die oben beschriebene, vertraute Umgebung. Spring lieber nicht von einem Kliff aus in den Ozean, wie dies einige verrückte Menschen tun. Weil wir in der Regel auf dem Bauch landen, wird ein herkömmlicher Hundesprung aus dieser Höhe sehr wahrscheinlich mit schweren Verletzungen oder sogar tödlich enden. Nur eigens dafür ausgebildete Hunde sollten es wagen, von einer derartigen Höhe ins Wasser zu springen. Ihnen hat der Mensch eine spezielle Technik beigebracht.

Wenn du im Wasser den Boden nicht mehr berühren kannst, dann solltest du schwimmen, sonst gehst du unter, und das ist nicht besonders ratsam – Hunde können unter Wasser nun mal nicht atmen. Deshalb musst du deinen Kopf über Wasser halten, und dafür gibt es etwas, das sich »Paddeln« nennt. Das bekannteste Paddeln wurde von Hunden entwickelt und nennt sich entsprechend »Hundepaddeln«.
Wenn du dich wie beim Laufen bewegst, wirst du feststellen, dass deine Schnauze über Wasser bleibt. Eine Grundregel lautet: Je schneller du deine Beine bewegst, desto weniger musst du deinen Hals recken,

um mit der Schnauze über Wasser zu bleiben. Aber überanstreng dich nicht und bleib cool. Eine gleichmäßige Beinbewegung optimiert deinen Kräfteverbrauch. Außerdem wirkst du damit wie ein erfahrener Schwimmer.

Um rückwärts zu schwimmen, musst du den »Rückwärtsgang« einlegen, der dem Paddeln entspricht, nur eben andersherum.

Du fragst dich vielleicht, was beim Planschen von dir verlangt wird oder wohin du überhaupt schwimmen sollst. Du solltest ganz einfach überall dorthin schwimmen, wohin dich dein Herrchen lässt. Es gibt so gesehen keinen großen Unterschied zum Verhalten an Land. Es ist immer gut, auf ein Objekt zuzuschwimmen, das in dein Maul passt. Bleib aber fern von Wasserfahrzeugen, die von Menschen betrieben werden. Du könntest sonst überfahren werden. Nicht selten winken deren Fahrer anderen Fahrern zu und übersehen dich deshalb. Viele dieser Menschen besitzen an Land ein Cabrio und zeigen ein vergleichbares Fahrverhalten im Wasser.

Nach dem Schwimmen musst du wieder trocken werden. Es gibt kaum etwas Schöneres, als sich all das Wasser aus dem Fell zu schütteln.

Wenn du irgendwo bist, wo das Wasser merkwürdig riecht und grünlich aussieht, solltest du unbedingt ausgiebig am Ufer entlangstreunen, bevor es wieder nach Hause geht. Vielleicht findest du ein paar tote Fische, in denen du dich wälzen kannst – der krönende Abschluss eines schönen Tages.

Mutige Hunde der Weltgeschichte – Teil eins

Jeder von uns hat eine ganz eigene Vorstellung von Mut. Manche denken, dass Mut eine körperliche Angelegenheit ist – dann zum Beispiel, wenn ein gekräuselter Bichon Frisé einem überheblichen Riesenschnauzer Paroli bietet oder ein Rauhhaardackel einen Einbrecher in die Flucht schlägt. Andere sind der Auffassung, dass es dabei um etwas Psychisches geht: etwa, wenn ein trotziger Neufundländer sich auf der Couch rekelt und streckt und sich schlichtweg weigert, sich von der Stelle zu rühren, obwohl sein Herrchen abwechselnd bittend und drohend danebensteht. Wieder andere finden, dass Mut von beidem etwas hat – wenn du zum Beispiel von vornherein weißt, dass du bestraft wirst, wenn du einen Satz über den Sessel machst und die Oma umstößt, um einen Teller voller Schweinerippchen zu klauen –, und es trotzdem tust.

Wie auch immer deine Definition lautet, Hunde besitzen Mut im Überfluss. Im Folgenden stellen wir dir einige tapfere Helden vor, dank derer wir uns voller Stolz Hunde nennen.

TOGO UND BALTO – heroische Schlittenhunde

Im Januar 1925 wütete in dem entlegenen Städtchen Nome in Alaska eine schreckliche Diphtherieepidemie. Die Menschen, die dort lebten, benötigten dringend Medikamente. Unglücklicherweise waren die Wetterbedingungen sehr schlecht. Die Temperaturen waren auf -50 °C gesunken. Bei so einer Hundskälte sehnt man sich wirklich nach einem handgestrickten Pullover. Es war sogar so kalt, dass die Flugzeuge, die diesen abgeschiedenen Außenposten mit allem Lebensnotwendigen versorgten, nicht fliegen konnten. (Außerdem froren die Piloten so sehr, dass sie gar nicht aus dem Bett steigen wollten.) Es musste etwas passieren.

Eines Tages fällte ein Mann eine sehr kluge Entscheidung: Er nahm die Dienste seiner treuen Freunde, der Hunde, in Anspruch. Togo und Balto führten schließlich ein ausgewähltes Hunderudel durch die unwirtliche Landschaft. Dieses Ereignis ging als »Großes Rennen der Barmherzigkeit« in die Geschichte ein. Ungefähr 150 Schlittenhunde transportierten die Medikamente in Etappen bei eisigen Minustemperaturen 674 Meilen weit durch die Wildnis Alaskas.

Sie trugen keine Stiefel. Sie legten keine Rast ein. Sie liefen einfach. Und zwar schnell.

Bei Schneesturm und Nebel konnten die Schlittenführer manchmal die eigene Hand vor Augen nicht sehen. (Zumindest *behaupteten* sie das – Schlittenfüh-

Togo

Balto

rer sind ziemlich faul, sie sagen eine ganze Menge, um die Hunde anzutreiben.) Und was nützt schon ein Schlittenführer, der nicht sieht, wo er hinfährt? Wir wetten, dass sowohl Togo als auch Balto große Lust gehabt hätten, auf den Schlitten zu steigen und zur Abwechslung einmal die Schlittenführer malochen zu lassen. Stattdessen legten sie sich ins Zeug und taten, was Hunde eben tun: hart arbeiten. Zum Glück gelang es den mutigen Tieren, den richtigen Weg zu erschnüffeln. Sicher durchquerten sie das gefährliche Gebiet und legten die gesamte Strecke in weniger als sechs Tagen zurück.

Balto, ein sibirischer Husky, der die Meute auf der letzten Etappe vor Nomo anführte, wurde ein Hundestar. Wann immer irgendwo ein roter Teppich ausgerollt wurde, Balto war eingeladen, und im Central Park in New York steht sogar sein Denkmal. Viele allerdings haben das Gefühl, dass Togo, der Husky, der die längste und möglicherweise schwierigste Etappe anführte, der eigentliche Held dieser Geschichte ist. Togo wird nirgendwo geehrt, außer in meinem Herzen. Ich finde, dass beide wunderbare Helden sind.

HOLZBEIN PETEY, DER PIRATENHUND – **»Eine dreibeinige Plage auf hoher See« – »Der schrecklichste Terrier aller Zeiten«**

Petey, ein legendärer Piratenhund, der nicht gezögert hätte, sich mit den hundsgemeinen Bulldoggen der Königlichen Marine anzulegen, galt gemeinhin als guter Hund. Er war tolerant, ausgelassen, tapfer und furchtlos, trotz seiner geringen Körpergröße. Diesen Ruf erwarb er sich bei einem der berühmtesten Abenteuer, das unter Hunden überliefert ist.

Petey war ein mickriger, verwahrloster Straßenhund, als er in London aufgelesen wurde und als Schiffshund anheuerte. Aber schnell lernte er die Gesetze auf

See kennen. Schon bald nachdem das Schiff in einer dunklen, stürmischen Nacht den Hafen verlassen hatte, wurde Peteys Schaluppe von einem großen weißen Wal angegriffen. Während einige der Matrosen in Deckung gingen und hohe Sturmwellen den Kapitän über Bord spülten, stand der kleine Petey seinen Mann. Schon nach kurzer Zeit war er in einen erbitterten Kampf mit dem riesigen Wal verwickelt.

Obwohl er ein kleiner Hund war, hatte Petey mehr Mut, Herz und Verstand als die meisten größeren Hunde und Männer. Er sprang auf den Wal, grub seine Zähne in dessen Flanke und bewahrte so die Schaluppe vor dem sicheren Untergang.

In dieser Nacht verlor Petey zwar ein Bein an den Wal, dafür aber gewann er etwas anderes: den Respekt der Schiffsbesatzung. Obwohl er noch so wenig Erfahrung hatte, wurde er zum Kapitän gewählt und übernahm die Rolle, als hätte er nie etwas anderes getan. Er war ein großmütiger Führer, befehligte Katzen und Hunde und Menschen gleichermaßen und teilte die erbeuteten Knochen, Schätze und Kostbarkeiten gerecht unter seiner Besatzung auf.

Petey hatte kein einfaches Leben. Für ihn gab es keine ausgelassenen Geländemärsche in irgendwelchen Canyons. Hin und wieder drehte er ein paar Runden auf den Holzplanken. Das war sein einziger Auslauf. Aber die Geschichten von seinen Abenteuern auf hoher See begeistern noch heute Alt und Jung.

Schuhe –
Ratschläge eines Experten

Vor langer Zeit war die Auswahl des passenden Schuhs noch eine einfache Angelegenheit. Es gab nur eine Sorte. Aus Blättern hergestellt, war er mit Teer überzogen und wurde mit verknoteten Weinranken geschnürt. So entstand ein ordentlicher Digestif zum Nachtisch, mehr allerdings auch nicht. Dann begann der Mensch sein Schuhwerk zu kultivieren und verfeinerte es geschmacklich. Man kreierte zum Beispiel die wohlschmeckende Pantine, indem man die Konsistenz eines Flipflops vorsichtig mit dem herzhaften Geschmack eines Arbeitsstiefels kombinierte.

Heutzutage gibt es Tausende von Schuhvarianten aus aller Herren Länder. Jede hat ihr ganz eigenes Aroma und ihre typische Beschaffenheit und Geschmackskomplexität. Bei dieser breiten Palette an Möglichkeiten muss der Kenner wählen, welcher Schuh zu einer bestimmten Gelegenheit oder Laune passt.

Hier einige der beliebtesten Modelle, die saisonale Varianten sowie auch die unterschiedlichen Budgets der Herrchen berücksichtigen. Wir können jedes Modell vorbehaltlos empfehlen.

Paillettenbesetzte Sandaletten von Vera Wang: Graziler Schuh mit langer Ahnenreihe; bietet einen zerkaubaren Zehn-Zentimeter-Absatz, ein weiches, aber zähes Riemchen und eine Bordüre aus kleinen Edelsteinen, die sich abknabbern und einzeln genießen lassen. Warnung: Sich unmittelbar vor einer Hochzeit an diesem Schuh gütlich zu tun kann Folgen haben.

Slipper von Allen Edmonds: Die Freude an diesem Halbschuh mit Quasten lässt sich maximieren, indem man ihn geraume Zeit in der Kloschüssel einweicht, um ihn anschließend im Keller zu verstecken, bis er an moschusartiger Würze gewonnen hat. Der wahre Liebhaber wird es schätzen, die komplexe Lederstruktur dieses Schuhs zerlegen zu dürfen.

Ballerinas: Mit ihrer schlichten, weichen Sohle und ihrem leichten Obermaterial sind diese flachen Schuhe die perfekte Wahl für den Alltag. Die kleine Schleife vorne und der elastische Gummirand bieten zudem einen verblüffenden Abgang. Passt wunderbar zu einer Schale Trockenfutter.

Espadrilles: Die gewobene Bastsohle hat eine leichte, duftige Geschmacksnote, und das Knöchelbändchen maximiert die Schleifbarkeit. Gewinner des New-Jersey-Kau-und-Malm-Wettbewerbs 2007.

Tierförmige Hausschuhe aus Fellimitation: Synthetische Materialien schmecken bestenfalls dezent, in der Regel aber total langweilig. Mangelnder Geschmack wird jedoch durch das reine Vergnügen wettgemacht, das große, weiche Schuhtier zu zerfetzen. Aussehen und Beschaffenheit bieten einen ausgezeichneten Trockentest für den Fall, dass du tatsächlich einmal mit einem Löwen oder einem Affen zu tun haben solltest.

Phantasievolle Zehensandale »Tropez« von Bottega Veneta: Perfekt für einen Nachmittag in der schicken Sommerresidenz der Freunde deines Herrchens. Die mit Schlingen versehene, glänzende Ausstattung ist von kräftiger Würze und gestattet einen wundervol-

len Zubiss. Die dekadente Ledersohle verleiht dem Schuh eine weiche, sinnliche Ausgewogenheit.

Robuste Männersandale: Dieser anspruchsvolle Schuh zeichnet sich durch eine feste Gummisohle und das pikante Obermaterial von Sandalen aus. Ein Geschmacksgenerator mit einer kräftigen Note Fußspray. Für alle Gelegenheiten geeignet.

No-name-Turnschuhe: Öffnet mit dem schweren Bouquet eines Turnhallenspinds und lässt dann Spuren malaysischen Kunstleders erkennen. Genieß die schlichte Beschaffenheit im Spätsommer, bevor die Schule wieder losgeht. Am besten schmeckt der Schuh in Anwesenheit eines verständnisvollen Menschenkinds.

Halbschuhe »World Class« von Ecco: Beiß dich durch das berauschende Leder des Oberschuhs. Die Herausforderung aber bieten die gewachsten Schnürsenkel und das verstärkte Innere. Stollen, mit einem Aroma von Dreck, bieten reifenähnliche Kaueigenschaften.

BESONDERER HINWEIS SOWOHL FÜR EXPERTEN ALS AUCH FÜR ANFÄNGER: Es gibt einen Typ Schuh, auf den du verzichten musst: Schuhe, bei denen unten Räder herauskommen. Sie lassen dein Herrchen auf wundersame Weise sehr viel schneller werden, und aus einem normalen Spaziergang wird ein phantastischer Lauf!

Katzen

Selbst wenn du nie eine Katze gesehen hast – du kennst die Geschichten. Katzen haben neun Leben. Sie machen ihre Häufchen in eine Kiste. Sie starren einen unentwegt an. Sie flüchten, wenn man nicht hinsieht. Sie verwandeln einen in eine Katze, wenn sie einen bei Vollmond beißen.

Na ja, ein paar dieser Geschichten sind wahr, andere weniger. Laut Schätzungen der Hundemeldebehörde müssen sich etwa 35 Prozent aller Hunde ihr Revier mit einer Katze teilen, obwohl diese Tiere mit

Hunden nicht dieselben Wertvorstellungen teilen. Entgegen der landläufigen Meinung sind Katzen nicht unsere Todfeinde. Meistens sind sie lediglich wählerisch oder gleichgültig aus Gründen, die niemand verstehen kann. Sie sind ein Lebensumstand, an den wir uns gewöhnen sollten. Zu diesem Zweck hier einige Fakten über Katzen:

- Erstens und vor allem: Katzen sind merkwürdig.
- Katzen flippen ziemlich leicht aus. Auslöser dafür sind: Bellen, Herumrennen, der Versuch, sie abzulecken oder mit ihnen zu spielen.
- Katzen mögen keine stinkenden Gegenstände, versuch also erst gar nicht, etwas Derartiges mit ihnen zu teilen.
- Katzen suchen dauernd nach etwas, das sie kratzen können. Auf diese Weise schärfen sie ihre Krallen, mit denen sie dir dann eine über die Schnauze wischen können.
- Katzen können sehr schnell laufen und sich an Stellen verkriechen, die du niemals erreichst. Pass auf, dass du dir nicht den Schädel stößt bei dem Versuch, ihnen zu folgen.
- Katzen werden nicht gerne gejagt, auch wenn sie es verdient hätten. Wenn du sie doch jagst, verdeutlichen sie ihren Unwillen nicht selten damit, dass sie dir mit ihren scharfen Krallen eine verpassen. Das ist unfair!
- Katzen respektieren keine Territorien. Sie schlafen an deinem Lieblingsplätzchen, auch wenn du sehr

müde bist und obwohl sie genauso gut irgendwo sonst schlafen könnten.

- Weil Katzen so leise sind, kommen sie mit Dingen durch, für die wir bestraft werden. Zum Beispiel kann eine Katze auf den Tisch springen und den Rahm von der Kartoffel lecken, bis sie ihr Herrchen zurückkommen hört. Dann schleicht sie sich davon und überlässt es dir, die Schuld für die abgeleckten Kartoffeln auf dich zu nehmen. Als ob du jemals köstlichen Sauerrahm von der leckeren Kartoffel herunterfressen würdest ...
- Katzen machen sehr viele Schläfchen und werden dabei nur ungern gestört. Sie sind bekannt dafür, einem mit ihren scharfen Krallen eine über die Schnauze zu ziehen, sollte man sie drängeln oder anstupsen. Autsch!
- Katzen verwenden sehr viel Zeit darauf, sich zu lecken, und zwar nicht nur an ihrem Hintern – überall.
- Gibt man einer Katze einen Ohrstöpsel, wird sie ihn stundenlang herumschubsen. Bietet man ihr dagegen einen Stock an, wird sie dafür ihren Platz auf dem Sofa nicht aufgeben.
- Katzen dürfen auf dem Bett ihres Herrchens schlafen, wann immer sie wollen, auch wenn sie es eigentlich vorziehen, die ganze Nacht lang mit irgendwelchen Gegenständen herumzupoltern.
- Katzen weigern sich, irgendwelche Kunststücke zu zeigen, abgesehen vom bereits erwähnten Häufchen in der Kiste, was einigermaßen dumm ist,

weil sie damit keinen Grund vorweisen können, nach draußen zu gehen.
- Katzen sind sehr besitzergreifend in Bezug auf ihr Fressen. Versuchst du auch nur einen Blick auf ihr Fressen zu werfen, kann es dir passieren, dass sie dir mit ihren scharfen Krallen eins über die Nase wischen, selbst wenn sie im Moment gar nicht daran interessiert sind. Also wirklich ...!
- Wenn eine Katze etwas will, bellt sie nicht. Sie gibt ein anderes Geräusch von sich.

Wenn dein Herrchen unerklärlicherweise eines dieser Tiere mit nach Hause bringt, dann frag besser gar nicht erst nach dem Grund. Katzen scheinen zu nicht allzu viel nütze zu sein, und darüber nachzudenken kann dich völlig irre machen. Anstatt dir den Kopf zu zerbrechen, warum du von nun an die Wasserschüssel mit einem launischen, unfolgsamen Wesen teilen musst, solltest du diese Zeit lieber nutzen, um mehr über sie herauszubekommen.

Die beste Politik für das Zusammenleben mit Katzen ist, sie komplett zu ignorieren. Leider ist das nicht immer möglich. Dein Fressen steht wahrscheinlich in nächster Nähe des Napfes der Katze, und mal ehrlich, es ist sehr schwierig, einem Tier aus dem Weg zu gehen, das mit uns um Zuwendung konkurriert und im Haus denselben Raum beansprucht wie wir.

Die folgenden Hinweise können für eine friedvolle Koexistenz mit einer Katze hilfreich sein.

- Gib deinem Unmut nicht bellend Ausdruck. Das Gebell nervt dein Herrchen, und du kriegst Schelte. Lass nicht zu, dass die Katze im Vergleich zu dir besser dasteht.
- Dein Besitzer wird immer Partei für die Katze ergreifen. Warte, bis er fort ist, um sie fertigzumachen. Pack sie mit dem Maul, aber beiß nicht zu fest zu. Dann weiß sie gleich wieder, wer der Herr im Haus ist.
- Wenn du einer Katze begegnest, die so aussieht, als hätte sie eine Pfote in die Steckdose gesteckt, und faucht wie ein Fesselballon, dann entfern dich vorsichtig. Es könnte dir sonst passieren, dass sie dir mit scharfen Krallen eins über die Schnauze gibt.
- Wenn du entspannt auf der Seite liegst, kommt es manchmal, wenn auch ganz selten vor, dass eine Katze genau dann auftaucht und sich zu dir legt. Füg dich mit einem leichten Schnaufen und dös weiter. Genieß diesen friedvollen Moment. Ein paar dieser unbeholfenen Minuten mit einer Katze werden dir über Monate hinweg mildere Strafen einbrin-

gen, sollte dein Besitzer diese süße kleine Szene beobachten. Der Lohn verdoppelt sich, wenn er ein Foto schießt.

Wenn du dich mit deiner Mieze trotzdem noch schwertust, dann vergiss eins nicht: So gerne du auch schläfst, eine Katze schläft noch lieber. Und das gibt dir Zeit, ungehindert herumzutollen. Und zwar so viel, wie du willst.

Eine Hundehütte bauen

Sich im Haus aufzuhalten hat seine Vorzüge. Gewöhnlich herrscht eine erträgliche Temperatur, es gibt eine ganze Reihe Schlafplätze, und natürlich steht dort auch dein Napf. Der Nachteil besteht darin, dass du drinnen nicht wirklich weißt, was draußen alles passiert. Denk mal darüber nach. Genau in dieser Sekunde könnten klebrige kleine Tannenzapfen vom Himmel fallen oder ein kreischender Blauhäher könnte ungestraft Krawall machen. Würdest du davon erfahren? Nein! Auf jeden Fall nicht, solange du drinnen weilst.

Gibt es eine Möglichkeit, die Annehmlichkeiten des häuslichen Lebens nach draußen zu verlegen, damit du alles bequem im Auge behalten kannst? Klar. Diese Möglichkeit nennt sich Hundehütte. So eine lässt sich ganz einfach selbst errichten. Die folgenden Schritte verhelfen dir zur eigenen Hundehütte und zu deinem Seelenfrieden.

Schritt 1. Such dir eine Stelle für deine Hundehütte aus. Es sollte sich um einen erstklassigen Ort handeln, mit gutem Blick auf die Eingangsbereiche des Gartens wie etwa das Tor, auf die großen Bäume und

auf das dunkle Plätzchen unter der Veranda. Deine Hütte sollte zwar auffallen, um potentiellen Eindringlingen zu zeigen, dass du Herr über dieses Territorium bist, gleichzeitig aber abgeschieden genug für ein Überraschungsmoment sein, wenn etwa ein Opossum das Grundstück widerrechtlich betritt oder sich ein Luftballon von der Party nebenan in dein Revier verirrt. Sobald du dich für eine geeignete Stelle entschieden hast, solltest du ab sofort darauf achten, dein Geschäft nicht länger im weiteren Umkreis zu verrichten. Beginn mit der Arbeit, indem du diesen Teil des Rasens umgräbst, darauf herumrast und dann den ganzen Nachmittag dort liegenbleibst. Das ist das Fundament, investier also ein wenig Zeit und spar nicht am falschen Ende.

Schritt 2. Sobald du deine Hütte entworfen hast und mit der Auswahl von Materialien beginnst, wirst du schnell merken, dass du weder Tischlerfähigkeiten

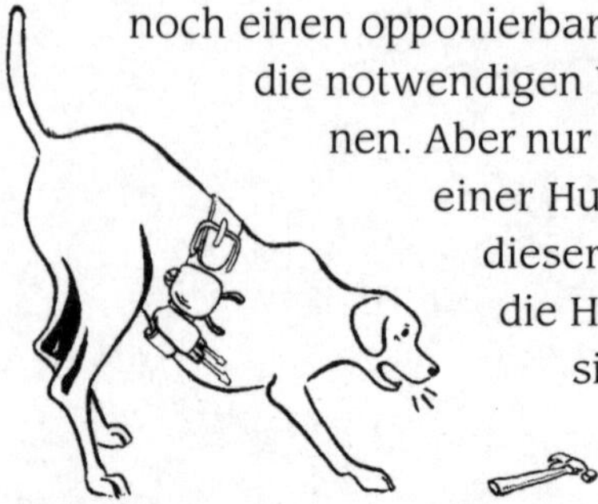

noch einen opponierbaren Daumen hast, um die notwendigen Werkzeuge zu bedienen. Aber nur dadurch wird der Bau einer Hundehütte möglich. In dieser Phase ist es wichtig, die Hilfe deines Herrchens sicherzustellen.

Schritt 3. Wenn man dich das nächste Mal wieder ins Haus bugsiert, friss eine Kleinigkeit, bell danach sofort heftig, damit man dich wieder hinauslässt. Dein Herrchen wird dich zunächst ignorieren, aber mit etwas Geduld und Kondition wirst du dein Ziel erreichen.

Schritt 4. Du wirst nun feststellen, dass du auf diese Weise immer mehr Zeit im Freien verbringen kannst. Wenn das der Fall ist, solltest du dich mit schöner Regelmäßigkeit auf deinem auserwählten Plätzchen niederlassen und schwermütig auf das Haus deines Herrchens blicken. Regnet es oder ist es richtig heiß, wenn man dich für dein Geschäft nach draußen lässt, dann kratz nicht ungeduldig an der Tür, um eingelassen zu werden. Lümmel dich auf deinem Plätzchen so richtig hin und mache eine erbärmliche Miene. Schau so traurig, wie du nur kannst. Vermittel, dass du diese Stelle wirklich, wirklich magst und dass es dir nicht so elend ginge, gäbe es dort irgendeine Art von Unterschlupf. Wiederhol das so lange, bis dein Herrchen zum Baumarkt fährt.

Schritt 5. Glückwunsch! Du hast eine wunderschöne Hundehütte!

Wie man demütigender Verkleidung entkommt

Sosehr du deinem Herrchen auch gefallen möchtest, du musst dich auf deine Hinterbeine stellen, wenn es um Verkleidungen geht. Mit einem gemusterten Fahrradhelm auf dem Kopf und einem Paar Vinylstulpen an deinen Läufen macht ihr euch beide lächerlich. Sollte dein Besitzer darauf bestehen, dir eines dieser Kostüme anzulegen, dann bell zweimal aggressiv, um deinen Unmut zu zeigen. Ist er nicht willens oder in der Lage, zu hören, musst du alles in deiner Macht Stehende tun, um das Outfit auf der Stelle wieder loszuwerden.

Es ist nicht despektierlich oder illoyal, sich aus einem lächerlichen Kostüm zu befreien. Im Gegenteil, es ist ein absolutes Muss, sich umgehend entsprechend zu verhalten, sonst wirst du mit großer Wahrscheinlichkeit fotografiert. Die Fotos werden ins Internet gestellt, und du hast kaum Chancen, deine Würde jemals wiederzuerlangen.

Es ist von größter Bedeutung, dass du deine Verkleidung vernichtest, nachdem du sie dir vom Leib gerissen hast. Das kann gar nicht deutlich genug gesagt werden. Du musst deinem Herrchen die klare Botschaft signalisieren, dass du das edle und bequeme

Kostüm, in dem du geboren wurdest, dem einer Meerjungfrau, eines Polizisten oder eines Hummers vorziehst.

Im Folgenden einige Techniken, wie du die »beliebtesten« Kostüme loswirst.

RENTIER

Abb. 1

Diese verbreitete, saisonbedingte Erniedrigung lässt sich ziemlich leicht abstreifen. Du musst nichts weiter tun, als dich von dem peinlichen Geweihkopfschmuck zu befreien. Indem du

1. den Kopf neigst, bis die Spitzen des Geweihs den Boden berühren und
2. das Geweih dann fest niederdrückst (siehe Abb. 1).
3. Das Geweih sollte dir nun vom Kopf fallen. Pack es, trag es nach draußen und vergrab es rasch in Nachbars Garten (siehe Abb. 2).

Abb. 2

Alternative: Ras mit voller Geschwindigkeit durchs Haus. Steuer auf wertvolles Geschirr und große Stapel wichtiger Unterlagen zu. Halt erst inne, wenn du den spitzen Schrei deines Besitzers hörst. Er wird das Geweih augenblicklich von deinem Kopf entfernen.

KOBOLD

In der Weihnachtszeit ist die Verkleidungsgefahr besonders groß. Wer dem scheußlichen Rentierkostüm entgangen ist, sollte sich allerdings nicht zu früh freuen. Karneval lässt nicht lange auf sich warten. Allzu schnell könntest du dich in dem entwürdigenden Outfit eines Kobolds wiederfinden. Der Kobold ist ein Gemurkse aus grünem Filz und Knöpfen. Je nach Modell hast du möglicherweise zudem noch unter den Peinlichkeiten einer »lustigen« roten Mütze, klingelingenden Glöckchen oder einem glänzenden schwarzen Gürtel zu leiden, der rein imaginäre Hosen zusammenhält.

In jedem Fall wirst du darin aussehen wie ein zweitklassiges Kunstwerk – es sei denn, du machst mit diesem Kostüm kurzen Prozess. Wenn du schon mal eine vertikale Oberfläche dazu verwendet hast, dir eine juckende Stelle zu reiben, kannst du diese Verkleidung mühelos abstreifen. Wir schlagen folgende Techniken vor:

Abb. 3

1. Such dir ein stabiles, frei stehendes Objekt oder eine feste Wand, wo du unbeobachtet zugange sein kannst.
2. Fang damit an, das Kostüm an der Fläche zu reiben, zuerst langsam, dann schwungvoller. Zieh das Unterteil des Kostüms gleichzeitig mit einer Pfote in Richtung Boden.
3. Die Druckknöpfe, die das Filzoberteil an deinen Schultern zusammenhalten, sollten sich nun öffnen – du bist frei.
4. Wenn du eine Mütze trägst, dann wende die oben beschriebene Technik (für Geweihe) an oder folge Abb. 3 (für Hüte und Mützen).

WICHTIGER HINWEIS ZU MODISCHEN ANHÄNGSELN

Wenn du Glöckchen trägst, musst du sie unbedingt *vor* deinem Fluchtversuch abstreifen! Glöckchen signalisieren jeden einzelnen deiner Schritte. Wenn du erfolgreich entkommen willst, musst du dieses Manöver im Geheimen durchführen. Streif sie so leise und schnell wie möglich über die Pfoten, bevor du fortfährst.

Wenn du alle Teile deines Kostüms entfernt hast, dann komm zum letzten Schritt:

5. Zerfetz die Verkleidung gründlich. Wir empfehlen, jedes Teil in mindestens zweiunddreißig kleine Teile zu zerreißen (siehe Abb. 4). Kau darauf herum, sabbere sie ein – wichtig ist nur, dass du sehr gründlich vorgehst. Du willst ja sicherstellen, dass Filz niemals mehr mit deinem Fell in Berührung kommt.

Abb. 4

ZORRO

Diese erniedrigende Verkleidung birgt eine besondere Herausforderung: Du musst sowohl Hut als auch Umhang abstreifen. Dem Umhang zu entkommen ist wirklich eine schwierige Aufgabe, aber es lohnt sich, sie zu beherrschen. Du musst nämlich damit rechnen,

Abb. 5

diesem Umhang wieder zu begegnen: als Superman, als Zuhälter und bei den meisten Elvis-Kostümen.

1. Finde die Kordel – in der Regel hängt sie irgendwo unterhalb deiner Schnauze –, die es deinem Herrchen ermöglicht, den Umhang festzuziehen oder zu lockern (siehe Abb. 5).
2. Bring die Kordel mittels deiner Pfote zum Maul. Das wird dich einige Mühe kosten.
3. Zieh an der Kordel. Der Umhang wird zu Boden gleiten.
4. Um den Hut loszuwerden, reibe mit dem Kopf wild an einem Möbelstück, bis der Hut ganz schief steht. Fahr damit fort, bis der Hut am Boden liegt.
5. Pinkel auf den Hut. Pinkel auch auf den Umhang (siehe Abb. 6).

Abb. 6

HIPPIE

Dieses Kostüm ist in der Regel nicht mehr als ein knallbuntes modifiziertes Koboldkostüm, aber es ist noch viel entwürdigender. Du wirst zuerst den Hut und die Perücke entfernen wollen. Sofern du nicht schon Erfahrungen mit Klettverschlüssen aufweisen kannst, wird der Rest der Verkleidung mehr Zeit in Anspruch nehmen.

Abb. 7

1. Leg dich auf den Rücken.
2. Winde dich hin und her und zerre an deinem Kostüm. Bring deine Zähne zum Einsatz – sie sind hierfür dein bestes Werkzeug. Wenn es ein Geräusch gibt, das sich ungefähr anhört wie eine zerreißende Tüte Süßigkeiten, bist du auf dem richtigen Weg (siehe Abb. 7).
3. Schlag mit deiner bevorzugten Pfote gegen den Hut/die Perücke, bis er/sie über die Ohren rutscht und von deinem Kopf fällt.
4. Entleer deinen Darm auf die Perücke (siehe Abb. 8).

Abb. 8

Heldenhafte Wanderungen – Teil eins: die Landbrücke

Vor Tausenden und Abertausenden von Jahren ermöglichte eine Landbrücke dort, wo heute die Beringstraße liegt, eine beispiellose Migration von Tieren und Menschen aus Asien nach Nordamerika. Von den vielen riskanten Trecks war wahrscheinlich keiner heldenhafter und bedeutsamer als der von Mikmik, dem ersten Hund, der seinen Fuß auf den nordamerikanischen Kontinent setzte.

Mikmik ähnelte dem heutigen Malamut, aber wie viele unserer nicht zivilisierten Vorfahren besaß er verschiedene Körpermerkmale, die bei dieser Rasse heutzutage nicht mehr vorhanden sind. Mikmik hatte zum Beispiel blaue Augen (nicht braune), war drei Meter fünfzig hoch und hatte Stoßzähne von fast einem Meter Länge. Mikmik lebte ein friedliches Leben bei einer Mahlemut-Inuit-Familie in Ostsibirien. Mit den Männern jagte er arktische Löwen und Meeresungeheuer, mit den Kindern wälzte er sich im Schnee, und er half sogar den Frauen, die wunderbaren Parkas aus Robbenfell zu nähen. Mikmiks Leben war einfach, ruhig und heiter – und ganz schön kalt, denn er lebte während der Eiszeit in Sibirien.

Der Morgen des historischen Marsches begann ziemlich unspektakulär. Mikmiks Herrchen klatschte ein paarmal in die Hände und fragte enthusiastisch: »Willst du raus, mein Junge? Willst du endlich raus?«

Mikmik schoss zur Tür des Iglus, um zu zeigen, dass er wirklich gerne losgehen wollte. Sein Herrchen griff nach der Leine aus Polarbärsehne, und weg waren sie. Normalerweise gingen Mikmik und sein Herrchen immer eine ganz bestimmte Route: hinauf zum großen Gletscher, wo sie ein wenig mit dem Stoßzahn eines Einhornwals spielten, und dann wieder zurück nach Hause. An diesem Morgen jedoch hatte Mikmiks Besitzer Ärger mit seiner Frau, weil er zu viel Zeit mit der Robbenjagd und zu wenig mit den Kindern verbrachte, und wegen dieses Streits musste Mikmiks Herrchen ein bisschen Dampf ablassen.

»Ich sag dir was, Junge«, sagte Mikmiks Herrchen, »was hältst du davon, wenn wir heute mal Richtung

Osten marschieren – also was Neues ausprobieren?«

Mikmik war sofort Feuer und Flamme. Er hatte bemerkt, dass die gefräßigen Säbelzahnluchse, die wolligen Mammuts und die riesigen Bären, denen er gewöhnlich auf seinen Spaziergängen hinterherjagte, in letzter Zeit verschwunden waren.

Während sie so dahinschlenderten, begann Mikmiks Herrchen seinem ehelichen Kummer Luft zu machen. »Sie ist einfach – ach, sie versteht mich manchmal nicht. Aber jetzt mit den Kindern und dem wenigen Essen – Mann, es liegt eine so schwere Last auf mir, dass ich gar nicht weiß, ob ich das noch stemmen kann. Oh, und habe ich dir schon gesagt, dass sie umziehen will? Sie sagt, sie braucht mehr Platz. Als könnte ich mir bei der mageren Zahl von Walrössern, die ich fange, ein größeres Iglu leisten …«

Mikmik liebte sein Herrchen, aber diese endlose und weitschweifige Litanei über sein häusliches Leben fing an zu nerven. Trotzdem, sie waren jetzt gute zwei Stunden unterwegs, und Mikmik wollte diesen wunderbaren Spaziergang nicht ruinieren. Genau das aber wäre passiert, wenn er seinen Besitzer aufgefordert hätte, endlich die Klappe zu halten, endlich anzuerkennen, dass er keine sechzehn mehr war, und seine Rolle als Familienvater mit all ihren Verpflichtungen zu akzeptieren.

Nach einer weiteren Stunde des Nörgelns und Jammerns seufzte Mikmiks Herrchen, sah zur Sonne hinauf, um die Zeit zu bestimmen, und meinte: »Okay,

Junge, wir machen uns besser auf den Rückweg. Ich habe keine Lust, mich wieder fertigmachen zu lassen, weil ich das Eis im Vorgarten nicht weggekratzt habe. Mach dein Geschäft, Mikmik. Los, mein Junge, es ist Zeit, dein Bein zu heben.«

Es dauerte eine Weile, bis Mikmik ein geeignetes Plätzchen gefunden hatte. So weit im Osten war er noch nie gewesen, und in diesem neuen Territorium eine einzige Stelle auszuwählen, die er markieren wollte, war eine überwältigende Herausforderung. Schließlich fand Mikmik eine gute Stelle auf festem, schneebedecktem Grund – oder etwas, das er dafür hielt. Er hob sein Bein und entließ einen üppigen Strahl. Als die heiße Sturzflut auf den Boden spritzte, wurde eines plötzlich überaus klar: Mikmik und sein Herrchen standen auf Eis.

Augenblicklich zog sich ein gewaltiger Riss durch das Weiß – und Mikmik und sein Herrchen fanden sich auf dessen östlicher Seite wieder. Die Ausscheidungen des drei Meter hohen Hundes hatten zu einer riesigen Spalte in der Eisdecke geführt, und der Abstand war zum Hinüberspringen zu groß, sowohl für Mikmik als auch für sein Herrchen. Mikmik hatte sich nie zuvor in seinem Leben so geschämt. Er klemmte sich den Schwanz zwischen die Beine und senkte den Kopf vor seinem Herrchen, was nicht so richtig funktionierte, weil sein Kopf dann immer noch knapp zwei Meter höher als der seines Herrchens war.

Mikmiks Herrchen zuckte die Schultern, wohl wissend, dass Mikmik sie beide nicht absichtlich vom

anderen Teil der Welt abgeschnitten hatte. »Schon gut, Junge. Lass uns mal nachsehen, was es auf dieser Seite des Planeten noch so alles gibt, und wenn die Stelle wieder zugefroren ist, gehen wir nach Hause. Ferien kann ich ohnehin gut gebrauchen. Magste, Mikmik? Hä? Magste?«

Mikmik keuchte vor Freude, und die beiden setzten ihren Spaziergang fort. Ungefähr zwei Tage später stieß das Paar auf den wundervollsten Anblick, der sich je einem Menschen oder einem Hund geboten hatte. Der gefrorene Pfad, dem sie lange gefolgt waren, ging plötzlich über in eine hügelige Steppe, in der es vor wilden Tieren nur so wimmelte. Tiere, die Sibirien bewohnt hatten, und darüber hinaus solche, die aussahen, als könnten sie richtig schmackhaft sein. Hier war Alaska, und es bot mehr, als Mikmik sich je hatte vorstellen können. Außerdem waren die Grundstückspreise hier sehr niedrig, weil es keine anderen Menschen in der Gegend gab.

Mikmik und sein Herrchen wussten, dass sie für ihre Mahlemut-Familie eine neue Heimat gefunden hatten, und flitzten nach Hause, um Frau und Kinder zusammenzutrommeln. Drei Wochen später kehrten sie nach Alaska zurück und wurden die ersten Hausbesitzer in der Neuen Welt.

Befehle verstehen lernen

Jeder Mensch spricht irgendwann in seinem Leben einmal mit einem Hund. Alleinstehende neigen dazu, sich mit uns zu unterhalten, weil sie sonst niemanden haben. Andere wiederum haben jede Menge Leute um sich, sind aber geschwätzig und wollen dauernd plaudern, selbst wenn ihnen niemand Aufmerksamkeit schenkt. Einige erwarten sogar, dass wir an einem Gespräch teilnehmen. Wir empfehlen dir, dich von diesen Leuten fernzuhalten.

In welcher Situation du dich freilich auch befindest, du solltest immer zuhören, wenn dein Besitzer zu dir spricht. Er versucht, dir irgendetwas zu sagen. Allerdings muss man unterscheiden, ob das Gesagte der Unterhaltung dient oder ob es sich um einen Befehl handelt. In der Regel ist das eine vom anderen relativ leicht zu unterscheiden. Wenn du dich gerade auf einem Tisch befindest und dort die Blumen frisst, dann ist es naheliegend zu vermuten, dass es Ärger gibt – eben weil du dich gerade auf dem Tisch befindest und die Blumen frisst.

Die Sache wird komplizierter, wenn Menschen, allen voran Herrchen, nicht genau das meinen, was sie sagen. Ein Befehl, den du als wütend oder negativ interpretierst, mag gar nicht so gemeint sein und kann einfach eine plumpe Reaktion auf irgendetwas ganz anderes darstellen.

Wie also sollst du wissen, was eigentlich gemeint ist? Was sollst du tun? Auf der folgenden Seite findest du eine Zusammenstellung situationsbezogener Befehle sowie die empfohlenen Antworten.

Du	Dein Besitzer	Er sagt	Du solltest
schmiegst dich liebevoll an dein Herrchen.	kommt gerade aus der Dusche, ist tropfnass.	»Hau ab!«	warten, bis er den Schlafanzug anhat oder sich anzieht, um zur Arbeit zu gehen.
würdest um eine Minute vor 20 Uhr gerne spielen.	sitzt mit einem Bier vor dem Fernseher.	»Wo ist dein Ball? Los, such den Ball!«	den Ball suchen. Bring ihn aber erst um 20:15 Uhr, wenn die Tagesschau vorbei ist.
tollst im Operationssaal herum.	setzt gerade zum ersten Schnitt einer OP am offenen Herzen an.	»Geh weiter, du Dödel!«	dich in die Cafeteria begeben.
springst an uniformierten Kindern hoch und leckst ihnen über das Gesicht.	hört dem Pfadfinder zu, der erklärt, wie viel Geld sie für ihr nächstes Jahrestreffen sammeln müssen.	»Aus!«	weiterspielen, bis Herrchen rasch eine Spende gibt, dich von der Tür wegzieht und dieselbe schließt.

Du	Dein Besitzer	Er sagt	Du solltest
ziehst an der Leine.	zieht in die entgegengesetzte Richtung.	»Halt!«	abwägen, ob das, was du so anziehend findest, es wert ist, keine Luft zu kriegen.
willst deinen Besitzer begleiten, ungeachtet dessen, wie er riecht.	geht aus dem Haus, nachdem er sich reichlich mit Zeug eingesprüht hat, das sehr komisch riecht.	»Nein!«	die Zeit, in der er weg ist, nutzen und dieses Zeug, das ihn so dämlich riechen lässt, komplett zu vernichten.
willst gerade auf irgendetwas im Gebüsch zurasen.	starrt dich an.	»[deinen Namen]!«	warten, ob er dich ein zweites Mal ruft, ansonsten losflitzen.
wüsstest allzu gern, was sich hinter dem Pappkarton im Schaufenster verbirgt.	betritt das Geschäft »Nur für Erwachsene« und ist äußerst überrascht, dich hier anzutreffen.	»Geh nach Hause!«	so tun, als gingst du nach Hause, und hineinschlüpfen, wenn der Typ, der jetzt gerade noch in seinem Auto sitzt, auch hineingeht.

Häufchen machen: ein brisantes Thema

Hin und wieder wundert sich jeder von uns ein wenig über seinen Körper. Wir lieben unser Fressen über alles, aber so zwischen vier und achtzehn Stunden später ändert sich alles in uns. Wir empfinden einen Drang, der vorher nicht da war, einen Drang, nach draußen zu gehen und uns hinzuhocken, um irgendetwas aus unserem Hintern hinauszubefördern. Dieses Etwas ist ein Häufchen, und das ist völlig normal.

Manche Hunde schämen sich für den Umstand, dass sie Häufchen machen müssen, und fühlen sich unwohl in ihrem Fell. Lass uns eines gleich klarstellen: Jeder Hund macht Haufen. Das ist nicht komisch oder peinlich, sondern ganz natürlich. Sie gehören zum Leben dazu. Du darfst eines nicht vergessen: Einen Haufen zu machen ist mehr als ein Grund, sich den Hintern zu säubern. Hier sind einige der häufigsten Fragen zum Thema.

EIN HAUFEN – WAS IST DAS EIGENTLICH?

Wie zuvor angedeutet, ist ein Haufen das, was vom Fressen übrigbleibt, nachdem dein Körper bestimmte Bestandteile entnommen hat. Sobald sich diese verbleibende Substanz aus deinem Körper verabschiedet hat, nimmt sie einen wesentlich penetranteren, allerdings auch interessanteren Geruch an.

WARUM MUSS ICH DAFÜR NACH DRAUSSEN GEHEN? WAS, WENN ICH NICHT LÄNGER WARTEN KANN?

Du musst nicht *unbedingt* hinaus. Es ist nicht so, dass es unmöglich wäre, ein Häufchen *im* Haus zu machen. Wenn du das tust, wird dein Herrchen allerdings sehr finster dreinblicken. Aber sei versichert: Es ist nicht dein Fehler. Nein, dein Herrchen ist schuld, und wenn du dein Häufchen auf den Teppich machst, stehen die Chancen gut, dass dein Herrchen nicht noch einmal spät nach Hause kommt.

Es ist kaum zu glauben, *warum* wir für diesen Vorgang nach draußen müssen – nämlich nur deswegen, weil Menschen keine Häufchen mögen. Sie empfinden ihren Geruch und ihre Beschaffenheit als widerwärtig. Vielleicht würden sie sie genauso schätzen wie wir Hunde, wenn sie sie nur einmal tatsächlich anfassen, tatsächlich daran riechen würden. Aber nein, sie benutzen immer Plastiktüten oder riesige Metallschaufeln, um die Haufen aufzulesen, sobald sie unseren Körper verlassen haben.

WARUM HEBEN MENSCHEN UNSERE HÄUFCHEN AUF, WENN SIE SIE DOCH SO WENIG MÖGEN?

Schwer zu sagen. Sie sprechen nicht gern darüber. Wir wissen jedenfalls mit Sicherheit, dass sie die Nase rümpfen und den Kopf abwenden, wenn sie sich bücken, um ein Häufchen wegzunehmen. Eine Theorie besagt, dass Menschen den Haufen aus einer Art sozialem Druck heraus aufheben, damit sie ihn anderen Herrchen zeigen und damit angeben können, wie toll ihr eigener Hund ist. Eine andere Theorie besagt, dass sie die Haufen nach Frankreich schicken, wo man sie dann überall auf den Straßen und Gehwegen verteilt.

WO SOLLEN WIR UNSER HÄUFCHEN MACHEN?

Du kannst dein Häufchen machen, wo du willst. Manche Menschen versuchen, dich in den schmierigen, schmutzigen, heißen Rinnstein zu drängen. Das ist gemein. Lass dich nicht dazu zwingen, sondern versuch lieber, dein Häufchen an Baumwurzeln zu machen, auf dem Gehsteig oder an Stellen mit Unkraut. Mach deinen Haufen dort, wohin deine momentane Stimmung dich führt. Und überhaupt, warum sollte das eine Rolle spielen? Dein Herrchen wird den Haufen ja ohnehin wegmachen.

DARF MAN DAS HÄUFCHEN EINES ANDEREN HUNDES FRESSEN?

Aber ja! Das ist eine wunderbare Möglichkeit herauszufinden, wo sich andere Hunde so herumgetrieben und was sie gefressen haben. Und es gehört dazu, wenn man ein umgänglicher, kontaktfreudiger Hund sein möchte. Stell dich nur darauf ein, dass dein Herrchen dich unter allen Umständen davon abhalten wird. Wenn er dich einen Haufen fressen sieht, wird es sehr lange dauern, bis du ihm wieder über das Gesicht lecken darfst. Aber lass dich dadurch nicht abhalten. Warte einfach so lange, bis er dir den Rücken zuwendet, und schlag dann zu. Heimlich verzehrt schmeckt ein Häufchen umso besser.

Im Englischen gibt es ein Sprichwort: »Shit happens.« So lächerlich es klingen mag, es ist absolut wahr. Versuch nicht, dich zusammenzureißen oder zu verstecken. Geh raus und lass es raus. Es gehört zu unserem Wesen. »Shit happens« – so ist das Leben!

Aus einem umzäunten Gelände entkommen

Jeder Hund fragt sich, warum Menschen Zäune um ihre Gärten ziehen. Die Erklärungen unserer Herrchen dafür variieren:

> »Damit du nicht davonläufst und von einem Auto überfahren wirst.«
> »Wir wollen gerne genau wissen, wo du bist.«
> »Weil wir es eben so wollen.«

Die Argumente unterscheiden sich, aber im Grunde heißt es immer das Gleiche: »Hier haben wir die Kontrolle.«

Mittels einiger altbewährter Techniken kann sich ein Hund jedoch über sein Herrchen hinwegsetzen und die süße Freiheit schnuppern. Allerdings muss sich jeder Hund fragen, ob es wirklich nötig oder gar klug ist, zu fliehen. Sei dir im Klaren darüber, dass es aller Wahrscheinlichkeit nach Folgen hat, wenn du abhaust. Wenn dein Garten also eine angemessene Größe hat, kannst du genauso gut einfach dort abhängen und den Rasen umwühlen, bis die blanke Erde zum Vorschein kommt.

Eine Flucht wird eine große Suchaktion zur Folge

haben, in Gang gesetzt von deinem Herrchen und den Nachbarskindern, die dich höchstwahrscheinlich binnen kürzester Zeit finden werden, vor allem dann, wenn du den Garten des Nachbarn magst. Dein Herrchen wird sehr unzufrieden sein, und die Strafen für einen Fluchtversuch sind in der Regel drakonisch. Das Leben innerhalb des Zauns wird danach härter sein. Wenn du also die Zeit im Garten schätzt, dann bleib, wo du bist.

Wenn es dir aber allzu schwerfällt, immer nur auf den Zaun zu starren, oder wenn du eine Flucht für die einzige Möglichkeit hältst, in den nächsten zwölf bis sechzig Minuten so viel Spaß zu haben, wie du nur kriegen kannst, dann gibt es zwei grundlegende Methoden, den Gartenzaun zu überwinden: drüber hinweg oder drunter durch.

OBEN DRÜBER

Ein Gartenzaun kann aus Draht oder aus Holz sein, in beiden Fällen aber ist er in der Regel mannshoch. Diese Höhe aus eigener Kraft zu überwinden ist für einen Hund welcher Rasse auch immer unmöglich. Schau also, was in der Nähe des Zauns alles herumsteht. Wenn einer der folgenden Gegenstände darunter ist, bist du aus dem Schneider:

Sofern die Objekte in etwa einem Meter Abstand

zum Zaun stehen, kannst du sie als Absprungrampe benutzen. Auf diese Weise sollte es dir ohne weiteres gelingen, den Zaun zu überwinden. Hast du beide zur Verfügung, dann solltest du in Erwägung ziehen, sie hintereinanderzustellen.

Für eine weitere Methode brauchst du einen Komplizen (daher fällt sie flach, wenn du der einzige Hund im Garten bist). Dein Helfer hievt dich bis zum oberen Rand des Zauns, von wo aus du auf die andere Seite springst. Hierbei gibt es ein paar Variationsmöglichkeiten.

Eines darfst du auf keinen Fall vergessen: Bevor du springst, solltest du eine Vorstellung davon haben, was dich auf der anderen Seite des Zauns erwartet. Kundschafte das Gelände so gut wie möglich aus, bevor du zur Flucht ansetzt. Das Letzte, was du brauchen kannst, ist, auf jemandem zu landen, der von oben bis unten eingecremt in der Sonne liegt, oder auf einem Hund, der größer ist als du.

UNTEN DRUNTER

Wenn es unpraktikabel oder geradezu unmöglich erscheint, über den Zaun zu springen, dann solltest du erwägen, darunter durchzukriechen. Diese Fluchtmethode harmoniert mit deinem natürlichen Wühlinstinkt, nur dass du dieses Mal nicht ein tiefes Loch, sondern einen Graben buddelst, der unter dem Zaun hindurchführt.

Sobald dieser Graben fertiggestellt ist, kriechst du hinein und unter dem Zaun durch. Wenn du merkst, dass er nicht lang genug ist, dann bleib da und beginn erneut zu graben. Versuch *nicht*, dich durch einen zu kleinen Gang hindurchzuzwängen. Du läufst Gefahr, stecken zu bleiben.

In jüngster Zeit haben Hunde Erfahrungen mit einer seltsamen Art Zaun gemacht. Obwohl keinerlei physische Barriere zu sehen ist, berichten viele Hunde von einem plötzlich auftretenden starken Schmerz bei dem Versuch, den Garten zu verlassen, der erst beim Zurücktreten nachlässt. Es ist nicht ganz klar, wie dieser neuartige Zaun funktioniert, aber die meisten Hunden sind sich einig, dass es etwas mit dem Halsband zu tun haben muss, denn von dort kommt der Schmerz.

Es gibt nur eine Möglichkeit, diese Art Zaun zu überwinden, und die ist nicht ganz einfach. Wenn du eine Hundehütte besitzt, dann lass deinen Tunnel dort beginnen und deck den Eingang mit einer Decke zu, damit ihn keiner sieht. Wir empfehlen dir, ausschließlich nachts zu arbeiten und niemanden ins Vertrauen zu ziehen.

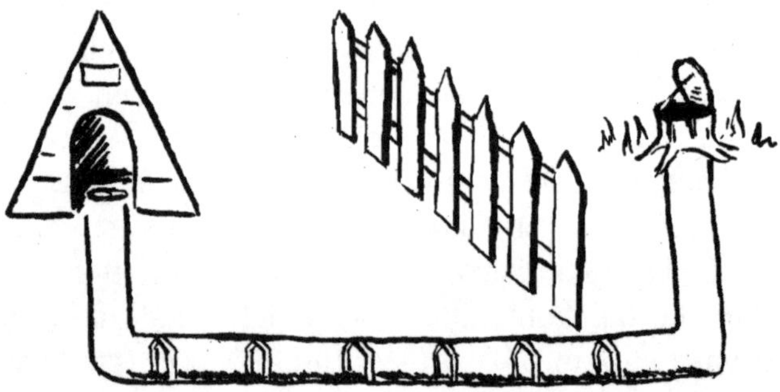

Solltest du erfolgreich flüchten, wird die Zeit zeigen, ob das Leben in Freiheit das Richtige für dich ist. Vier Stunden sind in der Regel ausreichend. Wenn du anfängst, deine Lieblingsspielsachen und die Schlafmatte zu vermissen, mach dich auf den Nachhauseweg. Es fällt zwar nicht leicht, durch die Gartentür wieder hineinzumarschieren, aber dein Herrchen wird über das Wiedersehen glücklich sein und dir höchstwahrscheinlich alle Strafen erlassen.

Große Hundekämpfe – Teil eins

Hunde spielen gerne, das ist unbestritten. In Zeiten der endlosen Hundevergnügungen wird jedoch leicht vergessen, dass wir auch erbitterte Kämpfer sein können. Auf diesen Seiten wollen wir Hunde ehren, die gekämpft haben, nicht zu ihrem eigenen Ruhm oder um des schieren Kämpfens willen, sondern um unser Hundedasein allgemein zu verbessern. Keiner von uns wird leichtfertig einen Kampf beginnen, aber diese Geschichten beweisen, dass ein Hund – und zwar jeder Hund – mit mutigem und heldenhaftem Handeln jedweder Lage gewachsen ist.

CHOWDER GUNDERSON GEGEN DEN POSTBOTEN

Die Rivalität zwischen Hunden und Postboten ist so alt wie die Geschichte der Hunde selbst. Von den Speisenverteilern der Phönizier über die Reiter des Ponyexpresses bis zu den Paketzustellern von heute – Hunde sind seit langem damit beschäftigt, ihre Herrchen vor den bedrohlichen Trägern von Briefen und Päckchen zu schützen.

Auch in Decatur in Illinois im Mittleren Westen der Vereinigten Staaten war das Verhältnis zwischen Hunden und Boten angespannt. Hunde wurden angebunden oder eingesperrt, Postboten stolzierten völlig sorglos mit ihren Taschen herum. Dieser einseitige Friede gefiel Chowder, dem vierjährigen Terrier der Familie Gunderson, ganz und gar nicht. Jahrelang kam der Postbote ganz lässig zum Haus und steckte die Post durch den Schlitz in der Tür. Chowder war machtlos und konnte Tag für Tag nichts anderes tun, als zuzusehen, wie die Post zu Boden fiel, und den unsichtbaren Feind anzubellen.

Chowder Gunderson, Heldenhund

Das änderte sich, als die Gundersons 1993 eine Hundetür einbauten, die Chowder den taktischen Vorteil des uneingeschränkten Zugangs zum Vorgarten, aber auch zum Garten hinter dem Haus bot. Er schoss aber nicht unvorbereitet hinaus. Vielmehr nahm er sich Zeit und entwarf einen groß angelegten Schlachtplan. In den folgenden zwei Wochen nutzte er jede Gelegenheit, das Terrain zu sondieren, den

Zaun und das Gartentor zu analysieren und herauszufinden, wie er den größten strategischen Vorteil erzielen könnte. Er lauschte den Geräuschen, wenn der Postbote den Riegel des Tors öffnete und den Weg zum Haus entlanggging, und suchte nach einem Anzeichen der Schwäche. Er stellte fest, dass der Bote gewöhnlich immer ungefähr um 11:00 Uhr vormittags kam und das Tor hinter sich schloss – ein tragischer Fehler. Nun musste Chwowder nur noch die Falle aufstellen.

An einem kalten Oktobertag um 10:50 Uhr drückte Chowder die Hundetür mit seiner Schnauze auf. Er trottete über das eingegrenzte Gelände, um Eichhörnchen und Blauhäher zu vertreiben, die ihn von seiner Mission ablenken könnten. Es würde nur eine Chance geben zuzuschlagen, und ohne jegliche Verstärkung im Rücken lastete die Durchführung dieser Operation allein auf seinen Schultern. Nachdem er zufrieden zur Kenntnis genommen hatte, dass sich seit 8:58 Uhr nichts verändert hatte, ging Chowder hinter den Büschen neben der Haustür in Deckung und wartete. Als der Postbote um 11:02 Uhr noch nicht aufgetaucht war, wurde Chowder nervös. »Hat irgendjemand den Postboten bestochen, dass er wegbleibt?«, fragte er sich besorgt. »Was, wenn er eine ganze Armee Postboten mitbringt?« Fast hätte Chowder einen Rückzieher gemacht, doch dann wurde ihm klar, dass dies nur eine der ausgekochten psychologischen Kriegstaktiken war, die seine Entschlossenheit schwächen sollte.

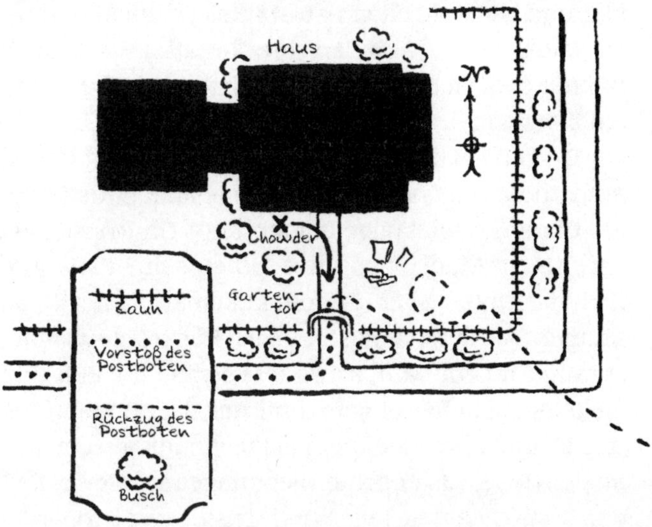

Chowders Schlachtplan

Um 11:07 Uhr hörte Chowder das höllische Pfeifen des Postboten, der näher kam. Er wusste, dass der Kampf nun unmittelbar bevorstand.

Als der Postbote das Tor öffnete und auf die Haustür zuging, nahm Chowder all seinen Mut zusammen und legte los. Mit einem gewaltigen Satz stürzte er sich auf den Mann, der rückwärts zu Boden ging und seine Post fallen ließ. Er erholte sich jedoch rasch und zog aus seiner Jackentasche einen kleinen Leckerbissen, den er vor Chowder auf den Boden warf. So leicht wollte sich Chowder von seiner Mission aber nicht abbringen lassen. Das machte er seinem Opfer klar und kläffte in einer Lautstärke, die einen normalen Menschen zu Tode erschreckt hätte. Hier jedoch handelte es sich um einen Postboten, und die sind einfach nicht normal.

Und so las der Postbote seine Briefe vom Boden auf, erhob sich und schritt weiter auf die Haustür zu.

Chowder war wie vor den Kopf gestoßen. Wie konnte ein Mensch so unverfroren sein? Es wurde Zeit, die Mutter aller Kampftaktiken zum Einsatz zu bringen. Als ihm der Postbote den Rücken zuwandte, sprang Chowder auf, schraubte sich in die Luft und zielte auf sein fleischiges Hinterteil. Der Bote brüllte und schrie, Chowder aber packte ihn mit festem Biss an der Hose. Als er seine Niederlage realisierte, ließ der Mann die Briefe fallen und sauste aus dem Garten hinaus.

Nun konnte Chowder sich in seinem Sieg sonnen. Der Postbote war geflohen, und Chowder hatte bei seinem Kampf ein paar Trophäen erbeutet: ein fünf mal fünf Zentimeter großes Stoffstück vom Hinterteil der Hose und den Katalog eines Einrichtungshauses, auf dem er herumkauen konnte.

Der Postbote war von Gesetzes wegen verpflichtet, wieder zu dem Haus zurückzukehren. Er tat dies aber erst nach Abschluss der Friedensverhandlungen. Dieser verpflichtete die Gundersons, am Gehsteig einen Briefkasten anzubringen, damit der Postbote nie wieder einen Fuß auf das Grundstück setzen würde.

Von diesem Tag an war für jedermann klar ersichtlich, dass dieser Garten Chowder gehörte.

Fragen über Gott und die Welt

WARUM GIBT ES NUR EINMAL AM TAG ZU FRESSEN?

Schon seit Urzeiten denken kluge Hunde über diese Frage nach, dennoch sind wir immer noch ratlos. Die Geschichtsschreibung zeigt, dass die Anzahl der Mahlzeiten, die ein Mensch pro Tag zu sich nimmt, je nach Kultur und Epoche stark variiert. Einige Epochen sahen für den Menschen ein »Frühstück«, ein »Mittagessen«, ein »Abendessen« und ein »Nachtmahl« vor, alles an einem Tag, während anderen kaum auch nur ein Abendbrot vergönnt war!

Unermüdlich und auf friedvolle Weise haben sich Hunde für eine zusätzliche Mahlzeit eingesetzt. Leider sind ihre Bemühungen immer wieder gescheitert. Aus diesem Grund konzentrieren sich die meisten modernen Hunde auf die Frage, *wie viel* und *was* man zu fressen bekommt. Bei Hunden, die in der Lage sind, ihre komplette Mahlzeit sehr schnell aufzufressen und sich dann noch auf scheinheilige Weise Tischreste oder Belohnungen zu erbetteln, kann von zwei Mahlzeiten pro Tag gesprochen werden. Allerdings kommt dieser Fall sehr selten vor und ist eher die Ausnahme als die Regel.

WARUM TRAGEN MENSCHEN KLEIDUNG?

Sieh dir deinen Lieblingsmenschen einmal ganz genau an. Dir wird an seiner Erscheinung einiges auffallen, was sich von der deinigen stark unterscheidet. Seine Ohren sind hässlich. Seine Schnauze ist klein und trocken und so gut wie nutzlos. Seine Finger sind spindeldürr und zum Graben höchst ungeeignet. Und dir wird außerdem ein überwältigender Unterschied auffallen: Der Mensch hat kein Fell. Klar, er hat Körperbehaarung und vielleicht sogar ein paar Haare im Gesicht, aber die wenigen behaarten Stellen reichen einfach bei weitem nicht aus, um von einem Fell zu reden; überdies entfernt er die meisten Haare ja dauernd. Soweit wir das beurteilen können, tragen Männer und Frauen Kleidung, um sich zu schützen, und zwar weil es ihnen, wie bereits erwähnt, an einem echten Fell mangelt. Aber sie tun es auch aus demselben Grund, aus dem sie ihre Haufen nicht im Freien machen wollen: Sie fühlen sich rasch bloßgestellt. Menschen, allen voran die weiblichen Exemplare, werden oft rot, wenn sie merken, dass ihre Zitzen zu sehen sind, und zeigen nicht gerne ihr unbedecktes Hinterteil.

WENN EIN ZUG, DER MIT EINER GESCHWINDIGKEIT VON 120 KM/H EINE STRECKE VON 1200 KM RICHTUNG WESTEN FÄHRT, DEN BAHNHOF UM 3 UHR NACHMITTAGS VERLÄSST UND EIN ANDERER ZUG, DER MIT 70 KM/H RICHTUNG OSTEN UNTERWEGS IST, NOCH 400 KM VOR SICH HAT UND DIESEN BAHNHOF UM 2 UHR NACHMITTAGS PASSIERT, WELCHER ZUG KOMMT DANN ALS ERSTER AN?

Es macht sehr viel Spaß, Züge anzubellen.

IN WELCHEM DER BEIDEN ZÜGE STEHT HACKBRATEN AUF DER SPEISEKARTE DES ZUGRESTAURANTS?

Der Zug, der in Richtung Westen unterwegs ist, bietet Hackbraten mit sämigem Kartoffelbrei, in feine Streifen geschnittenes Gemüse und dazu einen sehr tauglichen Cabernet an. Vorausgesetzt, dass jeder Fahrgast eine Portion Hackbraten von etwa 150 Gramm bekommt, sich etwa 400 Passagiere an Bord befinden und der Zug in unverminderter Geschwindigkeit fährt, sollte es dir möglich sein, den Braten genau 24 Minuten lang zu riechen, bevor und während der Zug durch deine Stadt fährt, und auch noch danach.

WARUM DARF ICH NICHT AUS DER KLOSCHÜSSEL TRINKEN?

Hast du dich schon einmal gefragt, warum jemand auf der Kloschüssel sitzt? Menschen tun dies die ganze Zeit. Wir vermuten, dass sie auf ihre wundervollen Porzellanschüsseln, die auf wundersame Weise immer mit frischem kühlem Wasser gefüllt sind, große Besitzansprüche stellen – das würden wir schließlich genauso machen. Diese Gepflogenheit erklärt auch, warum sie so wütend werden, wenn wir uns daraus einen Drink genehmigen wollen. Denn obwohl man sie dabei beobachtet hat, wie sie auf den Kloschüsseln sitzen und lesen, sie putzen und hin und wieder auch in die Arme schließen, hat man noch keinen Menschen daraus trinken sehen. Wie dem auch sei, du kannst tun, was du willst, solange du dich nicht erwischen lässt.

WOHIN GEHEN MENSCHEN TAGSÜBER?

Keiner von uns mag es, allein gelassen zu werden. Man beginnt zu grübeln: Wo ist mein Herrchen? Das ist typisch für ihn: Er geht von Montag bis Freitag weg. Ist er im Park? Hat er noch einen anderen Hund? Geht er wandern? Bestimmt. Wann kommt er wieder nach Hause? Vergnügt er sich ohne mich?

Mit Erleichterung wirst du vernehmen, dass diese letzte Frage mit einem klaren »Nein« beantwortet werden kann. Dein Herrchen ist bei der Arbeit, was einer

Art Zwinger für Menschen entspricht. Sehr wahrscheinlich sitzt er acht Stunden lang in einem kleinen Raum, nimmt von seinem »Chef« oder Alphatier Befehle entgegen, gibt sich im Allgemeinen devot und denkt darüber nach, wie schrecklich gern er nach Hause gehen würde. Er ist zwar nicht besonders glücklich, aber er verkehrt gern mit seinen Kollegen, macht heimlich ein kleines Nickerchen, wenn sein Chef gerade nicht da ist, und profitiert vom grenzenlosen Kaffeevorrat. Als Belohnung für diesen Trott bekommt er ein bisschen Geld, das er für dich, sein Ein und Alles, ausgibt, und zu dir kommt er auch immer wieder sehr gern nach Hause. Also begrüß ihn freundlich.

WER IST EIN »GUTER JUNGE«?

Diese Frage ist so alt wie das Universum … Halte inne und denk darüber nach, was die Wörter »gut« oder »Junge« oder »wer ist ein« wirklich bedeuten. Tatsächlich lässt sich die Welt nicht so ohne weiteres in Gut und Böse einteilen, beides sind unrealistische, absolute Konzepte, die nur in Beziehung zueinander Bedeutung erhalten. Die meisten von uns legen ein komplexes Moralverhalten an den Tag, das sich kaum durchgängig als »gut« oder »schlecht« bezeichnen lässt: Wir geben uns heroisch in dem einen Moment und feige im nächsten, lecken und beißen abwechselnd die Hände, die uns füttern. Und keiner von uns wäre so töricht, auch nur einen

Moment lang zu behaupten, dass wir »Jungen« sind – dieser Begriff bezieht sich ganz eindeutig und ausschließlich auf den männlichen Nachwuchs des Homo sapiens, aber kaum auf ein Mitglied der hündischen Gemeinschaft.

Vielleicht lautet die einzig richtige Antwort: »Keiner von uns«. Keiner von uns ist eindeutig »gut«, keiner von uns ist ein »Junge«, und keiner kann allen Ernstes behaupten, ein »guter Junge« zu sein.

Oder aber die Antwort lautet: genau du. Ja, so ist es. DU bist es. Du bist ein guter Junge! Du bist ein sehr guter Junge!

Wie man eine bittere Pille aus einem Erdnussbutterbällchen entfernt

Eines der wundervollsten Geräusche auf der Welt ist das Klicken beim Öffnen eines Erdnussbutterglases. Mit ihrer herrlichen Mischung aus Klebrigkeit, dem nussigen Geschmack und einem Aroma, das noch tagelang auf der Zunge bleibt, ist Erdnussbutter die perfekte Speise. Allerdings wird diese Delikatesse nicht selten missbraucht. Aufgrund seiner zähen Konsistenz verstecken unsere Herrchen gerne ekelerregende Medizin im tiefsten Inneren eines Bällchens aus Erdnussbutter. Wie findest du nun heraus, ob in deinem Erdnussbutterbällchen eine bittere Pille oder Tablette steckt? Mach einen einfachen Test. Gibt dein Herrchen dir freiwillig Erdnussbutter? Wenn ja, dann ist die Wahrscheinlichkeit sehr hoch, dass ein Medikament darin versteckt ist.

Pillen und Tabletten gibt es in allen möglichen Geschmacksrichtungen: schrecklich, widerwärtig, grauenhaft und abscheulich. Wenn du versehentlich auf eine Pille beißt, die in der Erdnussbutter versteckt ist, wird eine der tollsten kulinarischen Erfahrungen deines Lebens total ruiniert. Sie herauszupulen ist eine heikle Angelegenheit, die Geduld und große Geschicklichkeit erfordert. Aber die Mühe lohnt sich.

Der Vorgang des Pillenextrahierens ist einigermaßen zeitaufwendig. Daher solltest du rasch überprüfen, ob dein Herrchen vielleicht doch nur einen schwachen Moment hatte und dir aus völlig uneigennützigen Gründen »Menschenessen« gibt. Sollte es gerade zwei Uhr in der Früh sein und dein Besitzer nur in Unterwäsche abwesend in den Kühlschrank stiert, dann kann es gut sein, dass du »reine« Erdnussbutter bekommst. Falls dir allerdings die Erdnussbutter als schön geformtes Bällchen präsentiert wird, solltest du vorsichtig sein. Untersuchungen haben ergeben, dass kugelförmig dargebotene Erdnussbutter mit über 99-prozentiger Wahrscheinlichkeit eine fiese Überraschung enthält.

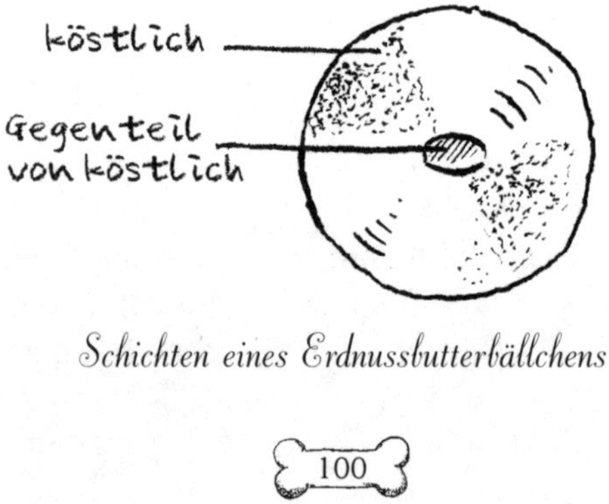

Schichten eines Erdnussbutterbällchens

Um eine bittere Tablette aus der Erdnussbutter zu entfernen, brauchst du:

- eine feste, saubere Unterlage
- eine für dich erreichbare Topfpflanze
- vorzugsweise warmes Wasser (*auf keinen Fall* aus deiner Schüssel)

METHODEN

1. Wenn dir das Bällchen aus Erdnussbutter angeboten wird, pack es vorsichtig mit den Zähnen. Das Bällchen darf deine Zunge NICHT berühren! Selbst die geringste Spur von Erdnussbutter wird eine unkontrollierbare Fressattacke in dir auslösen, die unweigerlich in einer Geschmackskatastrophe enden wird. Disziplin ist hier das A und O.

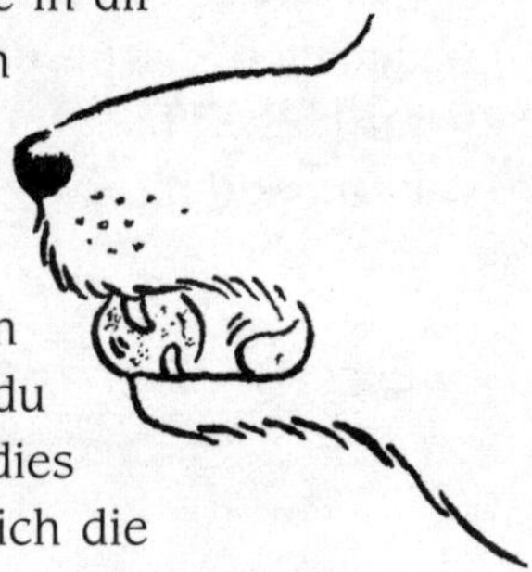

2. Das Bällchen fest zwischen die Zähne geklemmt, stößt du nun die Topfpflanze um. Tu dies mit einiger Wucht, damit sich die Erde so weit wie möglich verteilt. Damit du die Tablette anschließend in Ruhe aus dem Bällchen pulen kannst, sollte dein Herrchen mindestens sechs Minuten damit beschäftigt sein, die Sauerei wegzuputzen.

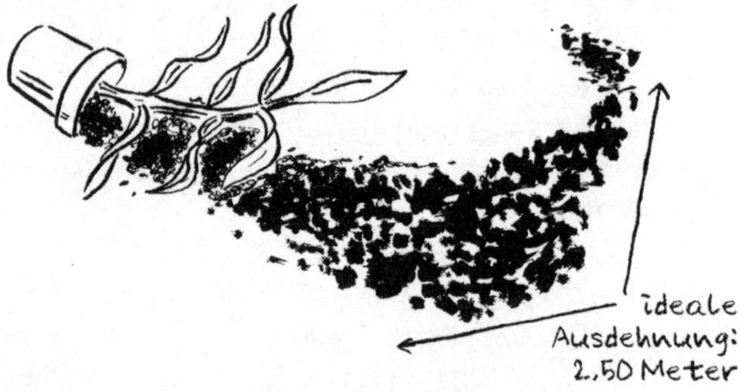

3. Während dein Herrchen sich um die Pflanze kümmert und abgelenkt ist, lässt du das Bällchen auf die saubere Arbeitsfläche fallen. Küchen- oder Badezimmerfliesen eignen sich am besten. Roll das Bällchen mit deiner Pfote in einer geraden Linie aus, bis die Tablette zum Vorschein kommt. Mach dir keine Sorgen, dass an deiner Pfote Erdnussbutter kleben bleibt. Das verschafft dir später einen exzellenten Leckgenuss.

4. Nimm nun die Tablette vorsichtig mit den Zähnen vom Boden auf. Wirf sie in warmes Wasser und patsch heftig darin herum, bis die Tablette vollständig verschwunden ist. Löse eine Tablette NIEMALS

in deinem Wassernapf auf, der Geschmack könnte sich im Material festsetzen und das Trinken in Zukunft dauerhaft zur Tortur machen. Toilettenschüsseln dagegen sind ideal, denn das Wasser wird hier regelmäßig hinuntergespült. Aber auch Schwimmbecken oder Whirlpools sind geeignet.

Das Auflösen der Tablette ist äußerst wichtig, denn es ist die einzige Möglichkeit, zu verhindern, dass dein Herrchen dir die Tablette noch einmal verabreicht. Wenn du die Tablette nur versteckst, könnte dein Herrchen sie finden und dich zwingen, sie ohne die Hilfe von Erdnussbutter zu schlucken. Die Tablette muss zerstört werden. Wenn du diesen letzten Schritt erledigt hast, kannst du zu dem Erdnussbutterfleck zurückkehren und einfach genießen.

Vier Duftnoten, in denen sich jeder Hund mal gewälzt haben sollte

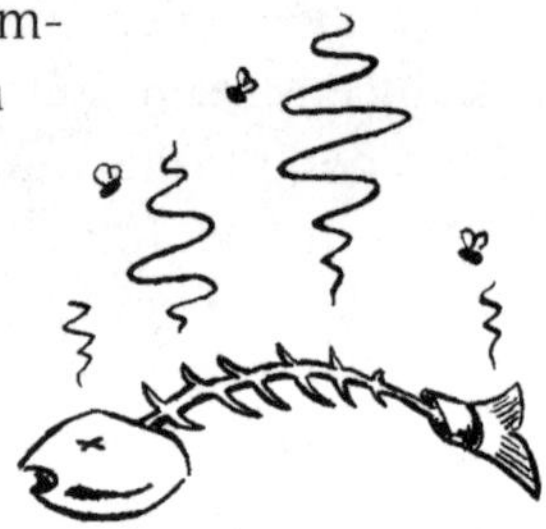

Hast du jemals einen fliegenumschwärmten Haufen Müll im Park gesehen und den Drang verspürt, geradewegs hineinzutauchen? Natürlich. Vergammelter Senf ist einfach eine zu große Versuchung, der man nicht widerstehen kann. Du weißt vermutlich nicht, dass deine genetische Programmierung dich zwingt, »schlechten« Gerüchen nachzugehen. Wenn du heutzutage im Unrat herumwirbelst, wirst du danach wahrscheinlich in den Garten verbannt, aber historisch betrachtet war Gestank – bewusst eingesetzt – sehr praktikabel und wichtig.

Um zu überleben und ihre soziale Stellung zu wahren, mussten unsere wölfischen Vorfahren ordentlich stinken. Ein Wolf wälzte sich in den Exkrementen seiner anvisierten Beute und überdeckte so seinen eigenen Geruch. Das gejagte Tier witterte auf diese Weise nicht die Gefahr. Vielmehr glaubte es, von einem stinkenden Mitglied seiner eigenen Spezies verfolgt zu werden. Weil es sich in Sicherheit wähnte, floh das Tier nicht und wurde verschlungen. Das ersparte dem Wolf die ewige Herumrennerei.

Wenn ein Wolf ein Talent für großartige Entdeckungen hatte, stieg dadurch wiederum sein Ansehen im Rudel. Darum hüllte er sich in den Geruch seiner Funde. Und wer würde sich nicht – auch heute noch – hinter einen Kerl stellen, der weiß, woher man erstklassige Fischköpfe bekommt?

Heutzutage, wo unser Fressen aus Dosen und Tüten stammt und alte Strandtücher und ausgestopfte Teddys von der letzten Kirmes unsere einzige Gesellschaft sind, haben wir im Alltag diese Art von Parfüm kaum noch nötig. Das Bedürfnis danach aber ist noch immer da. Wenn wir Hunde zu unseren Wurzeln zurückkehren können, gibt es für unsere Instinkte kaum etwas Befriedigenderes, als uns in ordentlichen Gestank zu hüllen.

Es folgt ein kurzer Überblick über die besten Gerüche und wo man sie finden kann:

KOT

Vorzugsweise feucht und frisch. Gehört zu den populärsten Düften, da er in Eigenregie hergestellt werden kann. Wenn du in der Nähe eines Bauernhofs lebst, dann such dir frische Kuhfladen. Sie sind besonders feucht und haften gut am Fell.

ERBROCHENES

Auch hierbei kann es sich um deine eigene Produktion handeln. Es ist aber in der Regel befriedigender, wenn du irgendwo anders fündig wirst. Menschliche Produkte findest du häufig am Samstag- oder Sonntagmorgen in der Gosse, unter der Stadiontribüne oder im Park.

KADAVER

In höchster Qualität an warmen, schwülen Tagen verfügbar. Hin und wieder kannst du im Garten Glück haben, aber die besten Funde lassen sich gewöhnlich bei einem Spaziergang im Wald machen, im Straßengraben oder bei Ebbe am Strand.

STINKENDE TÜMPEL

Als penetrante Kombination aus feuchtem Moder und Verwesung können Tümpel als Bonus sogar noch Kadaver enthalten. Normalerweise findet man Tümpel irgendwo im Wald, aber wenn dein Herrchen aus Faulheit seinen Teich nicht reinigt, dann gibt es sie auch direkt bei dir im Garten.

MÜLL

Mülltüten können von zerlaufener Lasagne bis zu schmutzigen Windeln alles enthalten und bieten ein wahres Potpourri an widerlichen Gerüchen. Wenn du nach einem langen heißen Wochenende ein paar Tonnen umkippst, wirst du reich belohnt.

EIER

Normalerweise im Müll zu finden, die besten Gelegenheiten scheinen sich aber saisonal zu bieten. Der Park eine Woche nach Ostern und die Gehsteige am Morgen nach Walpurgisnacht oder Halloween sind besonders ertragreiche Orte.

Literatur

Bücher sind alles andere als leicht zu verdauen. Sie sind nicht selten zu dick und zu fest, um sie zu zerreißen, und die richtig weichen hinterlassen garantiert einen schlechten Geschmack im Maul. Im Allgemeinen sind Bücher ein hartes Stück Arbeit. Herrchen lassen sie meistens herumliegen, damit Gäste glauben, sie seien belesen und sähen nicht viel fern.

Bücher können nahezu von allem handeln, und es ist ziemlich wahrscheinlich, dass sich in der Bibliothek deines Herrchens ein Buch über sein Lieblingsthema findet: Hunde. Es sei denn, du bist ihm als Last-minute-Geburtstagsgeschenk überreicht worden.

Ratgeberbücher über Hunde verkaufen sich gut, sind aber in der Regel ziemlich dumm. Häufig handelt es sich dabei schlicht um eine Art Handbuch mit schwachsinnigen Anleitungen, wie man dich angeblich dazu bekommt, etwas zu tun oder zu lassen. Als ob du aufhören würdest, Wolken anzubellen oder mit Klopapier herumzumachen, bloß weil irgendein Trainer beschlossen hat, ein Buch zu schreiben. Alle Herrchen und Frauchen, die solche Bücher kaufen, finden früher oder später heraus, dass bei dir keineswegs funktionieren muss, was bei Herrn Trainer funktioniert hat. Hundetrainer konditionieren Menschen immerhin sehr erfolgreich so, dass diese ihre Bücher und DVDs kaufen.

Auch Romane, in denen Hunde vorkommen, sind sehr populär. Einem großartigen Autor gebührt hier unser ganz besonderer kollektiver Dank. Jack London war (vor langer, langer Zeit) ein amerikanischer Autor, der ein Alkoholproblem hatte und gut schreiben konnte. Er hat zwei Bücher fabriziert, von denen viele glauben, dass sie Anfang und Ende der Literatur mit einem Hunde-Protagonisten markieren.

Ruf der Wildnis ist ein Roman, den jeder Hund kennen sollte. Wenn du das nächste Mal im Hundesalon bist, dann schau, ob er irgendwo bei den Hochglanzmagazinen liegt, in denen unmögliche Schönheits- und Gewichtsstandards für junge Hunde propagiert werden. Es ist allerdings eher unwahrscheinlich.

Ruf der Wildnis ist die Geschichte eines verhätschelten, umhegten Hundedummerchens namens Buck, der entführt und nach Alaska verschleppt wird, wo er sehr schnell herausfinden muss, wie man in einer rauen, ursprünglichen Umgebung überlebt. Am

Schluss rächt Buck den Tod seines letzten, sehr freundlichen Herrchens und tötet einen ganzen Indianerstamm. Er wird zum Alphamännchen eines Wolfrudels, auf das er nach seiner Rückkehr in die Wildnis stößt.

Wolfsblut ist das Pendant zu *Ruf der Wildnis*, nur dass die Geschichte genau andersherum verläuft. Statt eines domestizierten Hundes, der entführt und in die Wildnis verschleppt wird, geht es in *Wolfsblut* um einen wilden Hund, der gezwungenermaßen bei einem Menschen lebt. Am Schluss rettet Wolfsblut sein Herrchen vor einem Mörder. In diesen beiden Punkten unterscheidet sich *Wolfsblut* von *Ruf der Wildnis*.

Beide Bücher erfüllen hervorragend ihren Zweck, indem sie sehr realistisch und wirklichkeitsgetreu das Hundedasein schildern. Sie romantisieren das manchmal raue und grausame Leben von Buck und Wolfsblut nicht zu sehr und führen dem Leser all unsere Fähigkeiten als Hunde und treue Begleiter vor Augen. So gesehen ist Jack London ein Freund der Hunde auf der ganzen Welt.

Nach *Ruf der Wildnis* und *Wolfsblut* und mehreren Büchern, die sich nicht besonders gut verkauften, starb Jack London, noch jung zwar, aber völlig entkräftet. Die meisten Hundebesitzer wissen das vermutlich nicht einmal, weil sie *Ruf der Wildnis* bereits in der siebten Klasse gelesen haben.

Sternbilder

Sterne zeigen sich jede Nacht draußen am Himmel – das ist der Ort über unseren Ohren – als flackernde kleine Lichter.

In manchen Nächten sieht man sie besser als in anderen, aber sie sind immer da. Leider bekommen manche Stadthunde sie nie zu Gesicht, weil sie nachts nicht ins Freie gehen können. Aber Hunde vom Land haben die himmlischen Lichter schon immer beobachtet und über ihr Dasein nachgedacht. Unsere Vorfahren waren überzeugt, dass es sich dabei um die Fackeln von Hunderegulierungsbevollmächtigten (ehemals Hundefänger) handelte, die über den Himmel streiften. Diese Annahme versetzte viele Hunde nachts in Panik, weil sie fürchteten, die Lichter kämen sie holen.

Später machten sich Hunde oftmals unnötig unbeliebt, weil sie die Lichter zwanghaft anbellten, da sie glaubten, sie stammten von Herrchens Taschenlampe. Wenn ihr Herrchen dann aus dem Haus gelaufen kam und »Ruhe!« rief, statt vom Himmel zu fallen, waren die Hunde verwirrt und frustriert zugleich.

Heute wissen wir, dass beide Erklärungen falsch sind. Du wirst es wahrscheinlich nicht vermuten, aber ein großer Teil des dunklen Himmels ist Fressen, Spielzeug und Belohnung. Unmöglich? Sieh dir einmal diese Gruppierung von Lichtern an:

Du siehst aller Wahrscheinlichkeit nach das hier. Die Lichter schauen einigermaßen interessant aus, sind aber nicht ein Schwanzwedeln wert. Siehst du jedoch ein bisschen genauer hin, dann wirst du etwas völlig anderes entdecken.

Großer Knochen

Aha, das hier lässt uns schon das Wasser im Maul zusammenlaufen. Das dort oben ist wie ein weit geöffneter Kühlschrank oder ein Trip zu einem Hundefutterladen. Betrachten wir ein anderes Beispiel.

Nun ja – gähn …

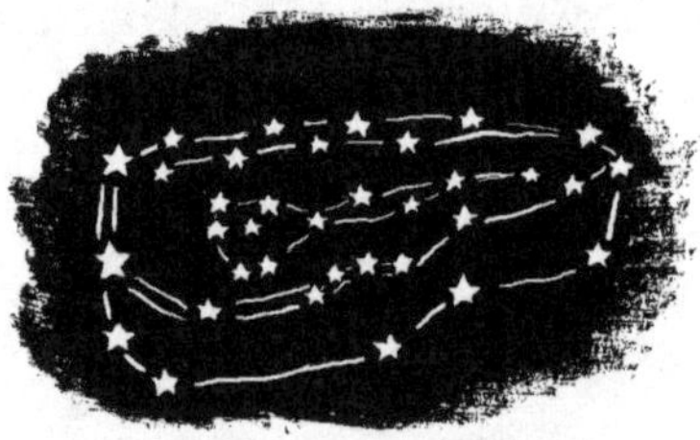

Großes Kotelett

Lecker, was?

Du sagst jetzt wahrscheinlich: »Genug der Scherze, wie kommen wir an das Zeug ran?« Na, ganz einfach, wir kommen eben nicht ran. Noch nicht jedenfalls. Eines Tages werden wir wahrscheinlich in der Lage sein, hoch genug zu springen, aber für den Augenblick müssen wir uns mit dem Wissen begnügen, dass es da oben ist.

Glücklicherweise ist dort schon einer von uns und wacht über allem.

Großer Hund

Niemand von uns weiß mit Sicherheit, zu welcher Rasse der Große Hund gehört. Fest steht nur: Er ist der größte Hund von allen. Sein Halsband enthält das hellste Licht am Himmel und ist am besten zu sehen, wenn er im Sommer im Osten aufgeht. Bell ihn allerdings besser nicht an, er könnte sonst alles alleine auffressen.

Nach neuesten Erkenntnissen gibt es dort oben noch unendlich mehr köstliche und lustige Dinge. Das nächste Mal, wenn du nachts draußen bist, kannst du einen ausgiebigen Blick hinaufwerfen und das eine oder andere Neue entdecken. Wer weiß? Vielleicht bist du derjenige, der einen Hamburger ausfindig macht, von dem noch keiner etwas weiß.

Mutige Hunde der Geschichte – Teil zwei

BELLE, DIE BEAGLE-HÜNDIN – eine echte Lebensretterin

Belle, die Beagle-Hündin

Es gibt einen Grund, warum den meisten von uns nicht beigebracht wurde, ein Telefon zu bedienen. Im tiefsten Inneren wissen wir, dass wir es zu jedem erdenklich falschen Zweck nutzen würden: Telefonstreiche beim Tierarzt, gejaulte Ferngespräche, Bestellung von Salamipizza mit einer Extraportion Wurst … Die Beagle-Hündin Belle aber ist anders als die meisten von uns. Ihr Besitzer, ein Diabetiker aus Florida, brachte ihr das Telefonieren bei für den Fall, dass er einmal plötzlich in Ohnmacht fallen oder schwer erkranken würde und selbst keine Hilfe mehr holen könnte.

Als das Herrchen tatsächlich einmal bewusstlos umkippte, rief Belle nicht im Restaurant an, um sich zu erkundigen, ob der Kühlschrank lief, und dann den Rat zu erteilen, ihm besser nachzulaufen. Sie rief auch nicht bei ihrem Lieblingsradiosender an, um zwei Tickets für Toto zu ergattern. Und obwohl die Versuchung groß war, bestellte sie kein chinesisches Essen. Sie tat genau, was man ihr beigebracht hatte, und drückte mit ihren Zähnen die Taste »1«. Das war die Kurzwahlnummer für den Notruf. Als man am anderen Ende das Bellen vernahm, wurde sofort ein Notarztwagen geschickt. Die Sanitäter kamen gerade noch rechtzeitig und konnten Belles Herrchen retten, was Belle zu einer sehr glücklichen Beagle-Hündin machte. Als wäre das nicht schon genug, bekam sie sogar noch eine Auszeichnung – das ist so etwas wie eine sehr wichtige Belohnung. Ihr Bild kam in die Zeitung, und Hunde im ganzen Land hatten von nun an ein Vorbild, das niemals mehr vom Sofa gescheucht wurde.

LOU – ein teuflischer Hund

Lou legte es nicht darauf an, ein Held zu werden. Der vierjährige Border Collie hatte den Ruf, ein zäher Bursche zu sein – er stammte aus dem Tierheim und hielt immer nach einem Kick Ausschau. Es war also nicht besonders verwunderlich, als Lou an einem frischen Septembermorgen als blinder Passagier in einen Schulbus sprang. Es war gegen das Gesetz, aber Lou kümmerte sich nicht besonders um Gesetze. Er hatte Langeweile. Er suchte das Abenteuer. Und er wusste genau, wo er es finden konnte: an Bord eines Schulbusses.

Das Ganze war ein reiner Nervenkitzel und die Kinder johlten begeistert. Aber gerade als Lou den Inhalt dreier Vesperboxen verschlungen hatte (ein Brot mit Fleischwurst, eines mit Putenschinken und eines mit Leberwurst), fuhr der Bus plötzlich mit einem lauten Rums über eine Bodenwelle.

Lou schaute auf. Ihm gefiel überhaupt nicht, was er da sah: Der alte Bill Merrihue, der Fahrer, hing über dem Lenkrad. Lou hatte oft genug im Auto gesessen und wusste, dass das kein gutes Zeichen war. Der Bus fuhr in wilden Schlangenlinien. Die Kinder schrien und weinten. Es gab nur eins zu tun, und Lou wusste, dass er handeln musste.

Er verschwendete keine Sekunde, raste nach vorne zum Fahrersitz, sprang dem alten Merrihue auf den Schoß und lenkte den schlingernden Schulbus geschickt zurück auf die Straße. Riesiger Jubel brach aus, als der Bus wieder sicher auf der Straße fuhr. Natürlich waren alle Augenzeugen sehr überrascht. Niemand hatte gewusst, dass Lou ein Fahrzeug mit Gangschaltung fahren konnte.

Alles schien wieder gut zu sein. Dann aber sah Lou eine Brücke vor sich auftauchen und merkte, dass er ein weiteres Problem unter den Pfoten haben würde: Der Brücke fehlte in der Mitte ein großes Stück.

Lou hatte vielleicht nicht viel Ahnung, aber ein oder zwei Sachen wusste er über Brücken: erstens, dass es leichter war, über eine Brücke zu fahren als über Wasser; zweitens, dass Brücken mit riesigen Löchern in der Mitte ihren Zweck nicht erfüllen. Lou musste eine schwierige Entscheidung treffen: entweder in den Fluss zu fahren oder Gas zu geben und über die Brücke zu springen. Er hatte keine Ahnung, was passieren würde, wenn er Gas gab, aber er wusste, was mit dem alten Merrihue geschehen würde, wenn er es nicht tat.

Also nahm Lou allen Mut zusammen, drückte mit seiner Pfote das Pedal voll durch und hielt die Luft an.

Außerdem schloss er die Augen und fiepte ein wenig, aber das braucht niemand zu wissen. Der Bus segelte über die Brücke wie eine Frisbeescheibe an einem Sonntag im Park und kam ganz sanft auf der anderen Seite wieder auf. Alle im Bus stießen einen tiefen Seufzer der Erleichterung aus, der ungefähr so klang: »AHHHHHHHHHH«.

Lou setzte den alten Merrihue am Krankenhaus ab und wartete so lange, bis er ihn gut versorgt wusste. Dann stieg er wieder in den Bus und fuhr mit vollem Tempo an der Schule vorbei zur Imbissbude, wo er für jedes einzelne Kind an Bord einen Hotdog kaufte.

Ja, genau so ist es gewesen.

Wie man einen Knochen auswählt und vergräbt

Knochen sind etwas Wunderbares. Stundenlang kann man darauf herumkauen. Dumm nur, dass man in der Regel schon k. o. ist, obwohl vom Knochen noch was übrig ist. Was macht man also mit einem Knochen zwischen zwei herzhaften Kau-Sessions? Die Antwort lautet: ab unter deine Pfoten damit – zumindest, wenn du gerade im Freien bist. In früheren Zeiten haben Hunde übriggebliebenes Fressen vergraben, um es vor Plünderern zu sichern. Knochen sind zwar kein Fressen im eigentlichen Sinne, aber du nimmst sie doch genauso in dein Maul wie Fressen, und sie schmecken köstlich. Um sie vor anderen Hunden oder irgendwelchen ordnungswütigen Herrchen zu sichern und um ihren Geschmack zu bewahren, solltest du angeknabberte Knochen vergraben. So kannst du jederzeit zurückkehren und sie nach Belieben wieder ausgraben.

Oberflächlich betrachtet stellt es eine schlichte, unkomplizierte Aufgabe dar, einen Knochen zu vergraben. Ein Loch zu buddeln gehört schließlich zu den angeborenen Fähigkeiten eines Hundes. Aber der Schein trügt. Die meisten Hunde werden im Freien nicht lange genug allein gelassen, um einen Knochen in aller Heimlichkeit vergraben zu können. Außerdem mögen die meisten Herrchen es nicht, wenn jemand Löcher in ihrem Garten gräbt. Sie vergessen dabei immer, dass es *dein* Garten ist. Du verbringst schließlich viel mehr Zeit darin und machst dein Geschäft dort. Du sagst deinem Herrchen ja auch nicht, was er in seinem Schlafzimmer oder auf der Toilette tun und lassen soll, oder? Lass dir also von ihm nicht sagen, was du in deinem Garten zu tun und zu lassen hast.

Du brauchst:

1. einen Knochen
2. einen Flecken Erde

Die Wahl des richtigen Knochens gehört zu den Lieblingsbeschäftigungen eines Hundes. Knochen lassen sich in zwei Kategorien einteilen: natürlich und synthetisch.

NATÜRLICHE KNOCHEN

Die meisten Knochen stammen vom Rind oder Schwein, aber sei offen für Überraschungen. Hunde, die weiter im Norden leben, können sich hin und wieder über einen Hirsch- oder Elchknochen freuen, und unsere australischen Cattledog-Freunde singen ein Loblied auf Känguruknochen. Knochen der Kategorie

»natürlich« umfassen echte Knochen, Rinder- oder Schweinehufe sowie Rohleder und Schweineohren. Übrigens: Jede Art natürlicher Knochen wird für gewöhnlich klebrig, sobald er mit deinem Speichel in Berührung kommt! Dadurch macht es noch mehr Spaß, darauf herumzukauen und herumzubeißen, und dein Herrchen hat weniger Lust, dir das Teil wegzunehmen.

Sorte	Vorteil	Nachteil
Schweine- oder Rinderknochen	Schmeckt lecker, zäh, hält tagelang vor.	Schwer zu bekommen.
Hufe	Stinken wie verrückt.	Man kann Dünnpfiff davon kriegen.
Rohleder/ Schweineohr	Passt sehr gut ins Maul; schwer für Herrchen, es dort wieder herauszukriegen.	Verursacht unter Umständen Bauchweh und kann Krankheiten übertragen.
Hühnerknochen	Sehr schmackhaft.	Gefährlich; kann im Hals stecken bleiben und höllisch weh tun.

SYNTHETISCHE KNOCHEN

Synthetische oder künstliche Knochen werden vom Menschen als Ersatz für echte Knochen hergestellt. Dein Instinkt trügt dich nicht: Das *ist* seltsam. Sieh dich um. Nahezu alles, was sich bewegt, ist voller Knochen. Bei all diesen wandelnden Knochen möchte man meinen, dass es viel zu viele von ihnen gibt und die Menschen sie loswerden müssen. Dies scheint nicht der Fall zu sein.

Viele der synthetischen Knochen sind so gemacht, dass sie deine Zähne reinigen. Das ist gemein. Damit werden wertvolle Essensreste entfernt, die sich zwischen deinen Zähnen versteckt haben und später als

Sorte	Vorteil	Nachteil
Plastikknochen	Hart, zäh.	Geruchlos, geschmacklos.
Gummiknochen	Hält stundenlang vor.	Form und Beschaffenheit machen es Herrchen leicht, dir das Teil wegzunehmen.
Plüschknochen	Kann Quietschgeräusche von sich geben.	Ist eigentlich überhaupt kein Knochen.

kleiner Snack dienen könnten. Immerhin macht es nicht weniger Spaß, auf synthetischen Knochen herumzukauen und -zubeißen. Einige behaupten, synthetische Knochen seien schwerer kaputtzukriegen. Doch das ist ja gerade die Herausforderung. Wer ist stärker? Du oder irgend so ein künstlicher Knochen? Aber Vorsicht beim Vergraben von synthetischen Knochen. Sie riechen weit weniger als natürliche Knochen und eignen sich deshalb nicht so gut zum Vergraben, weil du sie später möglicherweise nicht mehr wiederfindest.

DEN KNOCHEN VERGRABEN

Nachdem du einen Knochen ausgewählt und ihn so richtig genossen hast, geht es ans Vergraben. Wichtig ist, dass du dir genug Zeit lässt und alles richtig machst. Tu so, als müsstest du pinkeln, damit man dich hinauslässt. Und wenn du schon mal draußen bist, kannst du gleich auch wirklich pinkeln. Trödel aber nicht herum. Kundschafte den Garten aus und such nach einem geeigneten Plätzchen, an dem man dich nicht sehen kann. Irgendein abgelegener Winkel ist gut, aber dort darf kein Baum stehen. Es ist sehr schwierig, in durchwurzelter Erde zu graben. Reine Erde ist das Beste. Sollte es notwendig sein, könntest du aber auch Gras durchwühlen.

Nein

Ja

Bleib Blumenbeeten fern. Es gibt dort leicht auszuhebendes lockeres Erdreich, aber eine fehlende Blume stellt eine Art Schild dar, auf dem steht: HIER IST EIN KNOCHEN. Du willst deinen Knochen ja *verstecken* und nicht jedem mitteilen, wo er ist. Außerdem hängt dein Herrchen seltsamerweise an all den Pflanzen, die du fürs Graben entfernen müsstest. Wirst du im Blumenbeet erwischt, wird man dich sehr wahrscheinlich mitten in deiner Tätigkeit unterbrechen und dir den Knochen wegnehmen. Außerdem wirst du möglicherweise für eine bestimmte Zeit Hausarrest bekommen.

Sobald du die geeignete Stelle gefunden hast, fängst du an zu graben. Nutze deine Vorderpfoten, nutze deine Schnauze, zeigs der Erde! Du bist dann fertig, wenn sich dort ein Loch auftut, wo zuvor Erde war. Leg deinen Knochen hinein und bedeck ihn mit dem Aushub, und zwar schnell! Sieh dich um. Und merk dir gut den Geruch des Knochens und der Stelle, an der du ihn vergraben hast.

Sehr wichtig: Vergrab deinen Knochen niemals auf einem Friedhof. Der Geruch von Knochen dort ist überwältigend, und du wirst deinen eigenen nicht mehr wiederfinden. Und wenn du schon den Eindruck hattest, dein Herrchen würde verrücktspielen, weil du ein Loch im Garten gegraben hast, dann warte erst mal die Reaktion ab, wenn du mit einem Friedhofsknochen ankommst.

DIE ALTERNATIVE FÜR DEN STADTHUND

Bedauerlicherweise wird ein Stadthund ohne Garten kaum eine geeignete Stelle zum Graben finden. Stoß deinen Knochen stattdessen unter das Sofa oder an einen anderen schwer erreichbaren Platz. Du wirst zwar nicht in der Lage sein, ihn bei Bedarf wieder hervorzuholen. Wenn dein Herrchen aber putzt, wirst du danach vor einem großzügigen Sortiment halbzerkauter Knochen stehen und frei auswählen können!

Eichhörnchen

Warum Eichhörnchen derartig nervtötend sind, ist gar nicht so ohne weiteres auf den Punkt zu bringen. Sie tun uns oder unserem Herrchen eigentlich nichts, sind aber gleichzeitig dauernd da! Und das nervt! Jedes Mal wenn wir Apportieren spielen möchten, sind sie im Weg. Sie rennen ständig in unserem Garten herum, ohne vorher zu fragen. Will man bei einem Gartenpicknick um ein paar Abfälle betteln, hat man Konkurrenz von so einem widerwärtigen kleinen Grauhörnchen. Wir haben den Hörnchen ein ums andere Mal gesagt, dass wir kein Problem mit ihnen haben, solange sie nicht nervig vor unseren Augen herumspringen, herumhüpfen und die Bäume hinauf- und hinunterflitzen. Aber ab einem bestimmten Punkt kommt man mit Diplomatie nicht mehr weiter, man muss zur Tat schreiten.

Obwohl Eichhörnchen harmlos aussehen, sollte man nicht vergessen, dass es einen Grund gibt, warum eine Gattung wie zum Beispiel das normalerweise in Malawi, Tansania und Sambia beheimatete schwarz-rote Buschhörnchen auch den lateinischen Namen *Paraxerus lucifer* trägt – sie sind in der Tat teuflisch. Wenn du nichts unternimmst, dann wird diese anhaltende Provokation schließlich zu einer echten Belästigung werden. Die Viecher werden allen Ernstes anfangen zu glauben, dass sie in deinem Garten tun und lassen können, was sie wollen.

Eichhörnchen gibt es auf der ganzen Welt, und zwar mehr als 360 Unterarten, die alle miteinander ein bisschen zu dreist sind. Es folgen eine Übersicht über einige dieser Arten und ein paar hilfreiche Informationen, wie man Eichhörnchen daran hindert, einen in den Wahnsinn zu treiben.

WEIT VERBREITETE NORDAMERIKANISCHE ARTEN

Das *Fuchshörnchen* ist einer der bekanntesten Plagegeister. Es stellt für die meisten amerikanischen Hunde ein spezielles Problem dar, weil es sich mehr als jedes andere Baumhörnchen in öffentlichen Parkanlagen aufhält. Ein besonders lästiger Charakterzug der Fuchshörnchens ist das ständige Geprotze mit ihren riesigen Schwänzen. Ihre

Fuchshörnchen

Fortpflanzungszeit ist im Dezember und im Juni, jeweils der ideale Zeitpunkt, ihnen taktvoll zu vermitteln, dass sie nun viel Zeit im Verborgenen verbringen müssen. Beginn zu bellen, als hättest du einen ihrer natürlichen Feinde entdeckt (als da sind Habichte, Schlangen, Rotluchse, einige unheimliche Menschen). Das sollte ihnen auf die Sprünge helfen.

Grauhörnchen

Das *westliche* und das *östliche Grauhörnchen* sind dämliche Trottel, denen es bedenklich an allgemeinen Umgangsformen mangelt. Sie gehören zu der größten Art in Nordamerika und verbringen den kompletten Vormittag damit, in unserem Garten nach Futter zu suchen – und tun dabei so, als würde es sich um einen großen, allgemein zugänglichen Kühlschrank handeln. Grauhörnchen haben keinerlei Skrupel und gehen so weit, ihre Nester auf dem Dachboden zu bauen oder sogar im Inneren des Hauses. Sie stehlen nach Belieben Futter aus dem Vogelhäuschen im Garten, und sie haben – ein echter Beweis ihrer rücksichtslosen Art – den Ozean überquert (wahrscheinlich, indem sie ihre Fähigkeit, Wasserski zu fahren, nutzten, die sie im Zoo oder im Zirkus erworben haben) und sich in Großbritannien, Italien und Südafrika ausgebreitet. Wir Hunde müssen unser Heim und unsere Heimat vor den Grauhörnchen schützen. Dass sie unseren Garten nach Kastanien absuchen, mag man noch hinnehmen, dass sie aber unser Haus betreten, ist eine Dreistigkeit sondergleichen, gegen die wir schleunigst vorgehen müssen.

Das *Gemeine Rothörnchen* und das *Douglas-Hörnchen* gehören im Wesentlichen der gleichen unausstehlichen Familie an. Man kennt sie auch als Kiefernhörnchen, weil sie ihre Ernährung auf die Zapfen von Nadelbäumen ausgerichtet haben. Wenn du also in einem Gebiet lebst, in dem es viele Kiefern und Zedern gibt, dann wirst du die ganze Bandbreite pubertärer Mätzchen, die diese Art an den Tag legt, ertragen müssen. Die kurze Lebensdauer beider Hörnchen von nur ein bis drei Jahren ist trügerisch. Man bemüht sich vielleicht gar nicht erst, sie zu vertreiben, da sie ja nicht besonders lange leben, aber diese Hörnchen pflanzen sich mit einer solchen Lust fort, dass du dich

Gemeines Rothörnchen und Douglas-Hörnchen

dringend darum kümmern musst. Natürlich lügt kein Hund gerne, aber du könntest dein Problem vielleicht schnell lösen, wenn du unter diesen sexbesessenen Biestern das Gerücht verbreitest, am Grunde eines Sees würden sich empfängnisbereite Weibchen verstecken.

AUSGEWÄHLTE INTERNATIONALE ARTEN

Japan: *Japanisches Riesenflughörnchen*. Hunde in Japan, wir beneiden euch nicht. Dieses Riesenflughörnchen ist ungefähr 45 Zentimeter groß (*riesig* bezieht sich hier also auf seine Widerwärtigkeit, nicht auf seine Größe) und kann von einem Baum zum anderen durch die Luft gleiten. Es kann äußerst lästig sein, wenn ein Hörnchen dir von einem Baumwipfel beleidigende Bemerkungen zuruft, aber es ist noch lästiger, wenn dieses Hörnchen dabei direkt über deinen Kopf segelt.

Japanisches Riesenflughörnchen

Europäischer Ziesel

Europa: *Europäischer Ziesel*. Von der Ukraine über die Tschechische Republik bis nach Polen und hinunter nach Griechenland stopft dieses unausstehliche Wesen jeden Sommer Samen, Wurzeln und Insekten in seinen Schlund. Nichts ist so nervig, wie den ganzen Tag über eine Pirogge zu erbetteln, nur um dann zusehen zu müssen, wie sie von einem Ziesel stibitzt wird. Glücklicherweise müssen wir nur in den heißen Sommermonaten mit ihnen auskommen, bevor sie in den Untergrund trippeln und ausführlich Winterschlaf halten. Ziesel aus einem Garten zu verjagen sollte nicht besonders schwerfallen, denn sie sind in ihrer Fressphase besonders dick und behäbig. Aber was auch immer du tust, gerate nicht mit dem Wachposten der Kolonie zusammen. Er wird nie mehr aufhören, die lästigsten Warnpfiffe von sich zu geben, die du je vernommen hast.

Wie man sich bei Gewitter verhält

Die Methode »Abhauen & Abtauchen« wurde vom Hundenotwehrgremium in Zusammenarbeit mit dem »Nationalen Interessenverband ›Versteck dich‹« eingeführt und stellt eine einfache, leicht anwendbare Maßnahme zum Schutz bei einer Gewitterattacke dar.

Zunächst ist es wichtig zu wissen, was ein Gewitter überhaupt ist und was es dir antun kann.

Wir leben mit der Natur in einer angespannten, heiklen Koexistenz, genau wie mit Katzen. Sie können sich bei scheinbar minimalen Verstößen gereizt zeigen, etwa wenn ein bestimmter Grashalm gefressen oder eine fast schon abgestorbene Hortensie ausgegraben wird. Allerdings hat die Natur etwas Furchterregenderes als eine Pfote voller scharfer Krallen zur Verfügung. Die Natur kann ein gewaltiges Gewitter entfesseln.

Ein Gewitter kann dich auf vielerlei Weise schädigen. Das Wasser, das die Natur aus den Wolken auf dich herabschüttet, kann bewirken, dass dein Fell zusammenklatscht. Die Natur erzeugt Winde, die dir dein Bellen quasi aus dem Maul wehen. Blitze können dich in einer wenig schmeichelhaften Position erstarren lassen. Und wenn du draußen von einem Gewitter erwischt wirst, kannst du vernichtet oder zumindest nachhaltig blamiert werden.

Ein Gewitter kann ohne lange Vorwarnung attackieren. Ein kluger Hund sollte also immer auf der Hut und gut vorbereitet sein und wissen, wie »Abhauen & Abtauchen« funktioniert.

Selbst an einem wunderschönen Nachmittag solltest du stets nach Vorboten Ausschau halten. Plötzlich verdunkelt sich der Himmel und die Luft wird schwül. Vielleicht hörst du ein dumpfes Grollen, als würde ein Rudel Dobermänner über die Wolken jagen. Am Himmel flackert es, als wäre der Lichtschalter kaputt. Und die Bäume mit ihrer direkten Verbindung zur Natur schwanken aufgeregt hin und her.

Wenn du irgendetwas in dieser Art bemerkst, dann geh rein oder such sonst wo Schutz, und zwar so schnell wie möglich! »Abhauen & Abtauchen« heißt das Motto!

Wenn ein Gewitter zuschlägt, kommt es zu schrecklichen Lichtexplosionen, heller als der Himmel gegen Mittag und heller als tausend Kamerablitze. Ihnen folgen grauenhafte, ohrenbetäubende Donnerschläge, ein Geräusch, furchterregender als der Schrei, den dein Herrchen ausstieß, als er neulich den Milchkaffee verschüttete und sich die Hand verbrühte.

Jetzt heißt es: abhauen & abtauchen!

Achte darauf, deinen Schutzraum rechtzeitig auszuwählen und auszustatten. Im Kleiderschrank und unter dem Bett gibt es hervorragende Plätze dafür. Diese erfordern oftmals zusätzlichen Schutz, wie etwa durch abgelegte Arbeitskleidung deines Herrchens oder alte Ausgaben von Zeitschriften.

Für den Fall, dass dein designierter Schutzraum nicht sofort zugänglich ist, solltest du dich hinter oder neben etwas verkriechen, was gerade in der Nähe ist. Achte nur darauf, dass du gut zugedeckt bist. Zwäng dich hinter den Kühlschrank oder zieh mit den Zähnen an dem Teppich in der Diele und schlängel dich darunter. Wie gesagt: abhauen & abtauchen!

Wenn du während des Gewitters nicht ins Haus gelangen kannst, dann solltest du Schutz suchen, egal wo, auch unter dem Deckel des Grills oder unter dem Trampolin im Garten des Nachbarn. Du solltest

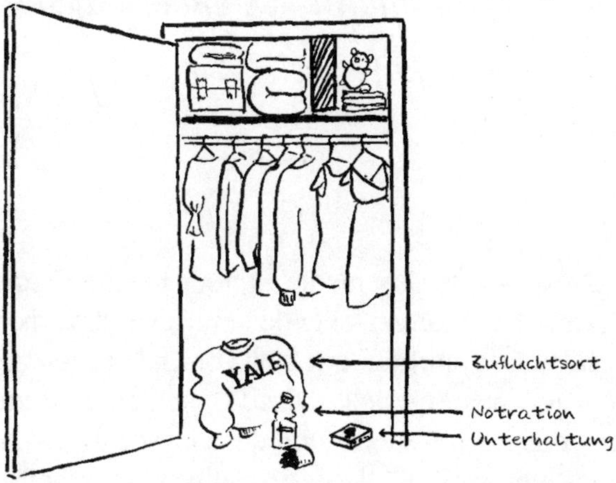

so lange dort bleiben, bis dein Herrchen versichert, dass alles wieder in Ordnung ist.

Es gilt: Ein gut vorbereiteter Hund ist ein sicherer Hund. Du sollest immer wissen, wo dein Schutzraum ist. Du solltest immer wissen, wohin du gehen kannst, wenn du nicht in der Nähe deines Schutzraumes bist. Und was tust du, wenn du einen Blitz siehst? Richtig: abhauen & abtauchen!

Heldenhafte Wanderungen – Teil zwei: Die Argo

Die folgende Geschichte ist noch nie zuvor niedergeschrieben worden, aber du kennst sie sicherlich, denn sie wurde jahrhundertelang von Generation zu Generation weitergebellt. Diese Geschichte handelt von Argos, dem treuen Hund des Odysseus, des Mannes mit den vielen Talenten. Während Odysseus zwanzig mit Liebeleien reich gefüllte Jahre auf dem Meer herumschipperte, blieb Argos zu Hause und bestand seine eigenen Abenteuer. Hier ist das Erste Buch des klassischen griechischen Epos *Die Argo*.

ARGO, I

Bell uns, o du Heuler, –

        Vom standhaften Hund,

Dem Wanderer, von großer Ferne und
wahrer Eile,
Die folgten dem Verlassensein durch den Gebieter.
        Bell uns

Von all den Ländern, die er markiert, von den Hündinnen, die er gedeckt,
Von der Pein in seiner Brust und schwerem Keuchen
Im Kampf, das Rudel zu finden und zu führen,
Das sein Knurren nicht beherzigt –
Kläffende Hunde, von ihrer eigenen Begierde bezwungen,
Als sie der Sirenen saftiges Steak hinuntergeschlungen
Und das T-Bone weitete ihr tödliches Halsband.

Von diesen Zeiten
Bell uns, du ewiger Heuler,
Und wimmere nur die Geschichte für unsere
hochgestellten Ohren.

Jetzt, wo Odysseus, der Gebieter, hoch zur See,
Befiehlt die schöne Penelope
Über den Treuen Argos – sie gebietet Einhalt den Freiern,
Einem nach dem anderen, befiehlt ihrem Hund
Und seinem Rudel, tief zu beißen in Knöchel und Haut
Der bärtigen Männer, die sie belästigen.
Obwohl er gehorsam bleibt, starrt Argos
Mit treuen Augen auf seine Herrin. Ein Sehnen
nach vielen Schritten,
Um die er bettelt –
Mit wedelndem Schwanz.

Junger Telemachos, großer Sohn des Gebieters Odysseus,
Im Blick den pelzigen, vierbeinigen Bruder –
Der Durst, zu jagen, verbindet die Arten,
Und mit einem kräftigen Zug seines Bogens
Entlässt das menschliche Kind ein in den Himmel schießendes Spiel.
In die duftigen Finger der Dämmerung taucht das luftgetragene Ding,
Die Götter tagen über dem Berg Canis –
Der donnernde Rover bellt im Großen Zwinger:

»Hunde! Sie jaulen für Spielstunden, aber ihr eigenes Vergnügen
Zahlen sie nicht mit ausreichend Schiete zurück!
Dieser Argos erlaubt dem Gebieter, sein Häufchen zu nehmen
Vom Erdboden, nichts bleibt zurück den Göttern zum Opfer!
Welch Schande – so soll er nicht finden das Spiel,
Das ihm der zunge Telemachos geworfen hat!«

Die weise Göttin Muffy durchbohrt Rover mit ihren Greyhound-Augen:
»Wie wahr, o edler Rover, dessen Schnarchen
Selbst die größte sterbliche Dogge pissen lässt –
Aber vergiss nicht, unser Argos ist ein überaus guter Hund.
Er, der den größten Knochen vergraben,

Er, der das garstige Eichhörnchen den Baum hinaufgehetzt,
Er, der seine Götter mit starker Brut geehrt,
Fordere ihn heraus, wenn du musst, aber eine Jagd ohne Ende
Ist zu bitter.«

Rover, Vater der Hunde, lauschte der graufelligen Muffy,
Sein Zorn gekühlt von ihrem süßen Gebell.

»So soll es sein. Sollen die Wälder dichter wachsen
Um das gefallene Spielzeug herum –
Aber der treue Argos
Soll sein geliebtes Spielzeug nicht haben, die Jagd
Wird führen ihn für immer fort von daheim.«

Des schnellfüßigen Argos
Suche nach dem Spiel begann, der Tag des Jagens aber
Wandte sich bald schon der Dämmerung zu.

Autofahren

Zum einen ist da das Gefühl einer Brise, die dir durchs Fell streicht. Zum anderen kannst du Dutzende von Fremden ankeuchen oder anbellen. Bei allen denkbaren Gerüchen der Welt, die an dir vorbeischweben, als gäbe es einen nicht endenden Büffettisch, wedelt dein Schwanz aufgeregt. Klingt zu schön, um wahr zu sein? Nein, du träumst nicht – du befindest dich in einem Auto!

Die Fahrt in einem Auto ist ein Abenteuer wie kein anderes. Spring hinein, auch wenn du nicht weißt, wo du landen wirst – vielleicht im Haus eines Freundes, im Hundesalon und vielleicht sogar in einem schicken Hundepark. Wer weiß? Sicher ist nur, *dass* du fährst und auf diese Weise wesentlich schneller vorankommst als beim Laufen.

Autofahrten sind ein aufregendes Ereignis, unabhängig davon, welcher Rasse du angehörst. Großer Hund? Setz dich im Laster deines Herrchens auf den Beifahrersitz, streck den Kopf aus dem Fenster und bell dir was zusammen – du bist der stärkste Hund auf der Welt! Kleiner Hund? Setz dich auf den Schoß deines Herrchens, leg deine Pfote auf das Lenkrad und lächle! Du bist der Kapitän dieses Schiffes!

Hunde erinnern sich in der Regel an ihre erste Autofahrt. In den meisten Fällen kauerten wir widerstrebende junge Hunde in einer Box und wussten noch nicht einmal, was Räder sind. Aber allmählich haben wir gelernt, keine Angst zu haben. Warum auch? Schau doch nur aus dem Fenster! Eine ganze Welt zieht vorbei. Kommt es noch besser? Ja! Hier ist der beste Teil: Fast jede Fahrt verspricht auch eine Rückfahrt. Wenn du also irgendwohin fährst, fährst du auch zurück. Das sind zwei Fahrten, jedes Mal. Jedes Mal!

WARNUNG: Autos sind wunderbar und verheißen stets etwas Neues. Manchmal bringen sie uns aber nicht zum Park. Manchmal bringen sie uns ins Tierheim. Manchmal auch zum Tierarzt. Nicht wenige von uns sind ins Auto gelockt worden mit der Aussicht auf eine schöne Fahrt, nur um dann später aufzuwachen und keine Eier mehr zu haben. Wohin sind wir nur gefahren? Kriegen wir sie jemals zurück? Leider wird das kaum einer von uns je erfahren.

Verständlicherweise bist du nun ein wenig misstrauisch, wenn du das nächste Mal Auto fahren darfst. Das musst du nicht. Solche Dinge passieren, ja, aber es geht im Leben nicht ohne Risiko – und eine Autofahrt an einem schönen Tag ist fast jedes Risiko wert.

LOS GEHT'S!

Sollte dein Besitzer fluchen, während er nach Schlüsseln, Geldbeutel und Handy sucht, dann ist das ein gutes Anzeichen dafür, dass er Autofahren möchte. Du weißt nun also, *dass* du fahren darfst. Wie aber findest du heraus, *wohin*? Das ist nicht ganz leicht, denn Autos können Menschen und Hunde praktisch überallhin bringen. Erfreulicherweise kannst du es mit etwas Know-how in der Regel herausbekommen. Es folgen einige Anhaltspunkte, die zeigen, wohin es gehen könnte:

Park

Die Suche nach der Leine ist ein verräterisches Zeichen. Wenn du Glück hast, dann trägt dein Herrchen einen Trainingsanzug. Aber das kommt nicht allzu oft vor.

Erledigungen

Herrchen tun dauernd etwas, das sie »noch etwas erledigen« nennen. Das ist nicht so lustig, weil du währenddessen meistens im Auto bleiben musst, natürlich bei geschlossenen Fenstern, während sie tanken oder auf dem Postamt in der Schlange stehen. Du bekommst dabei nicht viel Auslauf. Aber immer noch besser, als mit einem quietschenden Spielzeug zu Hause zu bleiben und sich eine weitere Folge irgendeiner Gerichtsshow reinzuziehen.

Ferien

Kommt deine Schüssel mit? Und was ist mit deiner Decke und einer Tüte Trockenfutter? Mach dich fertig, Junge – es geht auf Reisen!

VERKEHRSORDNUNG

Autos bremsen und fahren an. Sie fahren mal schnell, mal langsam. Stell dich darauf ein. Du musst deinem Herrchen gehorchen, aber in einem Auto muss sich auch dein Herrchen unterordnen. Der Verkehrsordnung nämlich. Und so funktioniert sie:

Ampeln

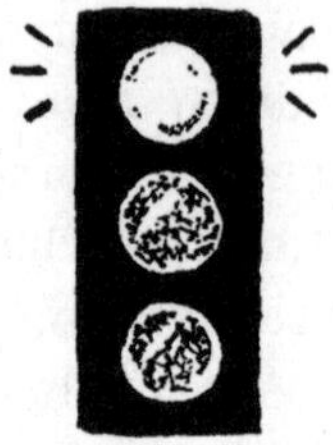

Sie sagen den Leuten, was sie tun müssen.
Das graue Licht ganz oben bedeutet »stehen bleiben«.
Das graue Licht unten bedeutet »fahren«.
Das graue Licht in der Mitte bedeutet »Gas geben und hupen«.

Stoppschild

Das ist ein lustig geformtes Schild, auf dem irgendetwas steht. Es bedeutet: langsamer fahren, nicht anhalten und dann wieder Gas geben. So etwa.

Zu guter Letzt: Ist die Beifahrerin gut aussehend oder hübsch? Wenn es dir gelingt, dass diese Person dein Herrchen ansieht und sagt, wie süß du bist, bekommst du mit Sicherheit ein Leckerli.

VERHALTENSREGELN IM AUTO

Wir sind alle tierisch scharf darauf, in einem Auto zu fahren. Wenn du allerdings verrücktspielst, riskierst du, dass du nie wieder mitfahren darfst. Niemand will das, du am allerwenigsten. Es folgen einige einfache Regeln für hündisches Verhalten rund ums Autofahren.

- Wenn man dich fragt: »Möchtest du mitfahren?«, dann solltest du mit einem zustimmenden Bellen antworten. Zögere nicht, drucks nicht herum, überleg nicht lange hin und her, bell einfach »ja«.
- Streck, wann immer es möglich ist, deinen Kopf aus dem Fenster – Maul geöffnet, Zunge ganz heraus. Dann macht es dir umso mehr Spaß und deinem Herrchen auch. Dadurch werden zukünftige Fahrten wahrscheinlicher.
- Stell Blickkontakt zu anderen Autofahrern her. Auf diese Weise teilst du ihnen mit, wie sehr du dich amüsierst und wie viel besser sie sich amüsieren könnten, wenn sie einen Hund in ihrem Auto hätten. Wer weiß, wofür es gut ist.
- Auch wenn es verführerisch scheint, du solltest in einem Auto nie zu sehr aufdrehen. Lautes Bellen könnte dein Herrchen erschrecken, das ja bereits nervös ist, weil ein Mann in Uniform hinter euch herfährt.
- Und schließlich: Egal wohin du fährst, vergiss nicht zu lächeln. Immerhin bist du in einem Auto!

Hundejobs

Es gab Zeiten, da wurde von uns Hunden verlangt, unseren eigenen Lebensunterhalt zu bestreiten. Wir waren stolz, für unser Abendfressen zu arbeiten. Wir passten auf die Herde auf, führten die Jagd an, gruben unsere Zähne in die saftigen Waden eines Feindes unseres Herrchens. All das half uns, eine starke Bindung zu unseren Menschen aufzubauen, hielt uns in Bewegung, erfüllte uns mit Stolz und gab unserem Leben Sinn.

Heutzutage sitzen wir nur herum, haben die Pfoten ineinandergelegt, müssen uns nicht um unser Auskommen sorgen und sind arbeitslos.

Glücklicherweise gibt es immer ein paar Aufgaben, die nur Hunde erledigen können: Wir werden nicht zulassen, dass ein Delphin oder eine Katze die Wohnung unseres Herrchens beschützt.

Natürlich ist es ein Fulltimejob, der beste Freund unseres Herrchens zu sein – aber es gibt keinen Grund, warum du nicht auch noch außerhalb deiner vier Wände eine lukrative Laufbahn einschlagen solltest. Im Folgenden ein paar Jobs, für die du geeignet sein könntest.

BEGLEITHUND

Du bist ein kluger, pflichtbewusster Hund? Dann solltest du Begleithund werden. Du gehst auf eine spezielle Schule, bekommst einen schicken Gurt und hilfst den Leuten bei allem möglichen Kram. Das Beste ist, dass du hingehen kannst, wo der Rest von uns nicht hingehen darf, also etwa in Restaurants, Supermärkte und Metzgereien. Begleithunde sind in der Regel Labradore oder Golden Retriever, aber jeder gute, ordentlich geschorene, besonnene junge Hund kann diesen Job ausprobieren und sehen, ob er das Zeug dazu hat. Die Leute streicheln dich vielleicht nicht allzu viel, aber sie respektieren dich. Und dein Herrchen wird sehr stolz sein.

WACHHUND

Traditionell die Domäne der Dobermann-Pinscher, Rottweiler und Pitbulls. Feierabend gibt es für einen Wachhund nicht. Die ständige Bereitschaft zur Attacke macht die Arbeit zu einem überaus stressigen Job, der aber seine Reize birgt. Dein Arbeitgeber wird dich für deine Wachdienste belohnen und dir besondere Zuwendung schenken. Und Diebe werden versuchen, dich mit einem schönen saftigen Steak aus ihrer Hosentasche zu bestechen. Auf die Bestechung einzugehen ist moralisch nicht unbedingt vertretbar, aber vielleicht könntest du es so hindrehen, dass du es beiden Seiten recht machst. Das musst du entscheiden.

SCHROTTPLATZHUND

Gehörst du auch einer echt abweisenden, derben Rasse mit schlechtem Benehmen an? Liegst du am liebsten den ganzen Tag lang herum, schläfst gern in einem Bretterschuppen und schlägst die ganze Nacht über Radau? Kaust du gern auf Traktorreifen herum? Macht es dir Spaß, Menschen zu Tode zu erschrecken? Dann ist das der richtige Job für dich. Die Bezahlung ist zwar nicht besonders, aber du bist so ziemlich dein eigener Boss und bestimmst deine eigenen Arbeitszeiten. Und wer sonst stellt schon einen Verrückten wie dich ein?

HÜTEHUND

Es gibt ganz verschiedene Arten von Hütehunden. Einige sind spezialisiert auf Rinder und Schweine, aber am bekanntesten ist wahrscheinlich der Hirtenhund, der sich um Schafherden kümmert. Unabhängig von deiner Rasse gibt es überhaupt keinen Grund, warum nicht jeder einigermaßen selbstbewusste Hund ein paar Schafe zusammenhalten können sollte. Es handelt sich immerhin nur um Schafe, und die tun, was man ihnen sagt. Was soll daran also schwer sein? Als Schafhirte kannst du wunderbar die freie Natur genießen, den ganzen Tag lang, jeden Tag aufs Neue. Du musst natürlich das dauernde Geblöke aushalten und hin und wieder einen Räuber verscheuchen. Aber das ist es wert.

FEUERWEHRHUND

Diese Jungs sind unter den arbeitenden Hunden die beliebtesten überhaupt. Das Geschäft wird traditionell von Dalmatinern betrieben, aber in den vergangenen Jahren haben sich auch für den Rest von uns

Chancen ergeben. Leider musst du ständig auf Abruf sein, unter Umständen in ein brennendes Gebäude hineinlaufen oder dich für einen Kalender mit ein paar Feuerwehrmännern mit nacktem Oberkörper ablichten lassen.

Der Vorteil? Der Job in der Feuerwache ist wie ein Ticket nach Futterstadt, und zwar ohne Rückfahrkarte. Die Kerle dort essen für ihr Leben gern, es wird vor Ort gekocht, und alle lieben den Feuerwehrhund. Ja, Feuerwehrhunde haben das große Los gezogen.

DROGEN- UND SPRENGSTOFFSPÜRHUND

Wenn du voller Tatendrang bist, Abenteuer und Schnüffeln liebst, dann ist das der richtige Job für dich. Du wirst in Spezialfahrzeugen befördert und hängst an Flughäfen herum, wo du auf sehr, sehr nervöse Studenten triffst. Manchmal musst du sogar eine Spezialweste tragen, und anders als in normalen Westen siehst du darin sehr stark aus.

Diese Jungs gehören zu einer Eliteeinheit, der besten in der Hundewelt. Diese Einheit ist nicht jedermanns Sache, aber es gibt eigentlich kein anderes Leben für alle Hunde, die sich der Gerechtigkeit und Ehre verpflichtet fühlen und darin aufgehen, zu dienen und zu beschützen. Pass gut auf und bleib mit der Schnauze immer schön am Boden. Eines Tages wirst du vielleicht sogar Kommissar.

SUCH- UND RETTUNGSHUND

Wenn dein zweiter Vorname Angsthase ist, dann lies gar nicht erst weiter. Als Such- und Rettungshund wirst du nämlich immer genau dorthin reisen, wo es gefährlich ist und Menschen Hilfe brauchen. Lawinen im Gebirge? Du musst die Überlebenden aufspüren und bergen. Wanderer, die sich verirrt haben? Du bist derjenige, der sie findet – und dann dafür geherzt wird. An einem Tag hilfst du Hurrikanopfern, am nächsten bringst du einen kleinen verlorengegangenen Hund zu seinen Eltern zurück.

Dein Lohn? Freudige Wiedervereinigungen, die ohne dich und deine Schnauze nicht möglich gewesen wären, und so viel Ruhm, wie du vertragen kannst.

Dieser Job ist bestens geeignet für ausgelassene Hunde mit einer scharfen Spürnase und einer Portion Wagemut.

GENERALSEKRETÄR DER VEREINTEN NATIONEN

Du bist über alle Maßen diplomatisch? Du liebst politische Eiertänze, wirkungsvolle Verhandlungen, internationale Beziehungen und teilst gerne dein Trockenfutter? Dann ist dies der richtige Job für dich. Als Generalsekretär der Vereinten Nationen musst du gerecht sein und dich für die Interessen anderer einsetzen, während dein Auftreten ständig genauestens beobachtet wird. Es ist eine schwierige, aber lohnenswerte Arbeit, mit der du die Welt verändern kannst. Hier sollten sich nur ganz uneigennützige, treu ergebene Hunde bewerben.

Was man alles fressen kann

Wir wissen, dass eigentlich alles fressbar ist, was unser Herrchen uns in den Futternapf schüttet. Aber wie steht es mit dem Rest?

Nun ja, das hängt von dir ab. Der Geschmackssinn eines Hundes wird in der Regel von drei Faktoren bestimmt: Alter, Rasse und Ausmaß an Hunger. Ein mittelhungriger junger Husky kann selbst den Linoleumboden eines Zimmers zu einem Reich aus Trockenfleisch verwandeln, während sich ein erwachsener Husky mit dem gleichen Hungerlevel so lange zurückhält, bis er ein paar Maischips findet. Ein Deutscher Schäferhund würde einen ausgetrockneten Kartoffelpuffer vermutlich weiterreichen, während ein Pudel sehr wahrscheinlich danach schnappen würde, auch wenn er bereits sein eigenes Körpergewicht an Schinken verdrückt hat.

Wer auch immer diese Welt erschaffen hat, er hat dafür gesorgt, dass unser Leben voller schwindelerregender Möglichkeiten steckt, etwas aufzuschlecken und die Geschmacksnerven ordentlich zu stimulieren oder zumindest ordentlich darauf herumzubeißen und es dann unter dem Sofa zu verstecken.

Wie auch immer dein persönlicher Geschmack

ist, du wirst stets etwas finden, was den Anschein erweckt, als sollte es gefressen werden. Aber: Nur weil etwas *potentiell* fressbar ist, heißt das noch lange nicht, dass du es wirklich fressen solltest. Es gibt keinen Hund, der nicht eine traurige Geschichte über Fressfrust zu erzählen hätte. Damit du nur die guten Dinge erwischst und dir den Gang zum Tierarzt ersparst, habe ich einen kurzen Leitfaden mit häufig verkosteten Gegenständen zusammengestellt.

ZEICHENERKLÄRUNG

🐾🐾🐾🐾🐾	beste Qualität!
🐾🐾🐾🐾	ein außergewöhnliches Häppchen
🐾🐾🐾	ziemlich schmackhaft, aber mit Vorbehalt
🐾🐾	nur für verwegene Fresser
🐾	wenn's unbedingt sein muss
○	igitt! und/oder autsch!

ERBROCHENES/KOT

🐾🐾🐾🐾🐾

Was vorne oder hinten bei dir herauskommt, ist im Grunde genommen ein rund um die Uhr geöffneter Delikatessenladen, der günstige und erneuerbare Häppchen ausgibt. Wenn du wirklich von dieser zwei

Wochen alten Krakauer begeistert warst, die dir zunächst noch ziemlich schwer im Magen lag, dann bekommst du hiermit eine zweite Chance.

KAUGUMMI

🐾🐾🐾🐾

Kaugummi ist ein wunderbarer Snack, den sich jeder Hund im Gehen mitnehmen kann. Auf allen Gehsteigen zu finden, ist er mal hart, mal klebrig, mal grobkörnig und von unterschiedlichem Geschmack. Menschen lieben den Anblick eines Hundes, der Kaugummi kaut. Wenn du also einen findest, dann kau kräftig. Vielleicht macht man sogar ein Foto von dir!

KISSEN

🐾🐾🐾

Das Äußere eines Kissens zu zerreißen ist gar nicht so einfach und geht ganz schön auf die Kiefer, aber wenn du Durchhaltevermögen besitzt, dann wartet eine wunderbare Überraschung auf dich – Berge von Schaumstoff oder Gänsefedern! Diese Innereien kannst du im ganzen Haus verteilen und zur späteren Verwendung in deinen Verstecken unterbringen. Besonders schmackhaft sind Kissen dann, wenn dein Herrchen verreist ist.

SCHLÜSSEL

Es gibt Hunde, die sind immer für eine Herausforderung zu haben, und diese glänzenden, länglichen Dinger stellen mit Sicherheit eine solche dar. Nun, ich will niemanden um sein Vergnügen bringen, aber eine Warnung muss ich doch aussprechen: Es ist wirklich schwer, Schlüssel zu bezwingen, und noch schwerer, sie wieder loszuwerden. Und wenn du dir zufälligerweise den Autoschlüssel reinpfeifst, kannst du irgendwelche Fahrten für lange Zeit vergessen.

HANDYS

Handys vermitteln vielleicht den Eindruck, als müssten sie gut schmecken, schließlich hat dein Herrchen

dauernd eines am Mund. Aber sie sind wirklich nur hart und schmecken irgendwie nach Ohr. Antennen eignen sich eine gewisse Zeit lang zum Rumkauen, aber früher oder später zerbrechen sie in spitze Teile und sind schlussendlich der Mühe nicht wert. Außerdem ist es so, dass dein Herrchen ohne Handy nicht mehr mit dir rausgehen wird, weil er dauernd »auf Anrufe warten« muss.

GÜRTEL

🐾🐾🐾🐾

Gürtel sind wie traumhaftes Rohleder, das gar nicht mehr zu enden scheint. Obwohl unsere Herrchen ziemlich an diesen Köstlichkeiten hängen, lassen sie sie oft herumliegen, so dass wir sie finden können. Wenn du dir einen Gürtel geschnappt hast, dann solltest du damit rechnen, ein bisschen ausgeschimpft zu werden – das wird aber nicht allzu lange dauern. Menschen lassen ihre Gürtel ziemlich schnell nachwachsen.

STEINE

Es kann passieren, dass du einen Stein für den herumliegenden Rest eines Hamburgers hältst. Wenn du ihn allerdings im Maul hast, weißt du sofort, dass es sich nicht um einen Hamburger handelt. Wenn du dennoch weiter darauf rumkaust, in der Hoffnung, im Inneren könnte sich ein Hamburger befinden, so stehst du am Ende enttäuscht und wütend da – und manchmal sogar mit ein paar Zähnen weniger.

WICHTIGE PAPIERE

Sobald ein Blatt Papier handschriftlich beschrieben wird, verwandelt es sich in einen tintigen Leckerbissen. Notfallrufnummern, komplexe mathematische Probleme, Liedtexte, wissenschaftliche Entdeckungen und Listen mit Computerpasswörtern haben alle ihren eigenen unverwechselbaren Geschmack, den dir ein blankes Blatt Papier nicht bieten kann. Manchmal allerdings wehren sie sich und schneiden dir in die Zunge. Du solltest sie also vor dem Verzehr gut einschlabbern.

WARNUNG! Es gibt ein paar Dinge, die dich, obwohl trügerisch schmackhaft, schwer erkranken lassen und an denen du vielleicht sogar sterben kannst. Es sei dir unmissverständlich klargemacht, dass von den folgenden Gegenständen nichts in dein Maul gehört:

- Lilien, Azaleen und eine ganze Menge anderer Pflanzen (lass Pflanzen sicherheitshalber ganz in Frieden)
- Schokolade
- Zwiebeln und Knoblauch
- Macadamianüsse

Es gilt: Alles durchstöbern, aber mit Verstand verschlingen!

Territorium – was das ist, warum es dir zusteht und weshalb du es unter allen Umständen verteidigen musst

Als Territorium bezeichnet man das, was ein Hund für sein eigenes naturgegebenes Gebiet hält. Manchmal sagt man dazu »Areal«, manchmal »Terrain«, manchmal »Gebiet«. Wie auch immer, es gehört dir.

Und du hast es auch verdient. Du hast hart gearbeitet und einiges bewältigt, um dorthin zu gelangen, wo du heute stehst. Du hast zahllose Blumenbeete durchwühlt und eine ganze Menge an teuren Terrassenmöbeln zerstört, um den Garten genau so zu gestalten, wie du ihn haben wolltest. Es hat dir gerade noch gefehlt, dass der Postbote sich seinen eigenen Weg zur Haustür trampelt und auf allem, was du markiert hast, weiß Gott wessen Duftnoten hinterlässt. Wir sprechen hier vom Haus *deines* Besitzers, und was ihm gehört, gehört auch dir. Außer den Hypotheken. Die darf er behalten.

Solltest du jemals eine Landkarte gefressen haben, dann wird dir aufgefallen sein, dass menschliche Territorien Grenzen haben. Genau wie dein Territorium. Grenzen sind wichtig, aber wie du wahrscheinlich schon bemerkt hast, beachten Katzen, Vögel und Paketauslieferer sie nicht. Auch Eichhörnchen, Füchse und sogar andere Hunde werden versuchen, etwas in Anspruch zu nehmen, das dir zugewiesen ist. Du wendest einem ausgelassenen Frechdachs einen Moment lang den Rücken zu – und schon scharwenzelt er um DEIN Herrchen herum, frisst DEIN Fressen aus DEINEM Fressnapf. In DEINEM Haus. So etwas kommt vor, wenn du nicht auf der Hut bist. Also pass auf.

Fazit: Du hast nicht nur das Recht, zu verteidigen, was dir gehört, du hast sogar die *Pflicht*, und dieser Instinkt macht dich im Grunde deines Herzens zu einem Hund. Es gehört zum Leben dazu, dass du dein Terrain und deinen Besitz (Knochen, Spielzeug,

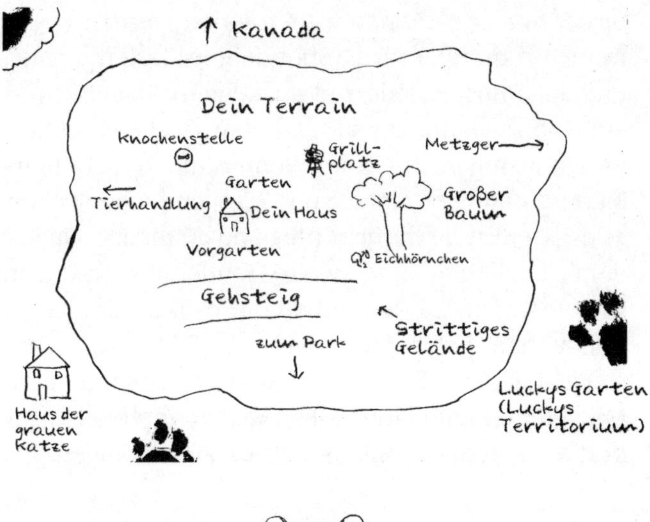

Fressnäpfe) sehr häufig gegen Eindringlinge verteidigen musst. Handel rasch und beherzt.

Unsere Herrchen unterliegen nicht selten dem Irrtum, unser Terrain ende an der Grenze ihres Grundstücks und reiche keinen Zentimeter darüber hinaus. Nichts könnte falscher sein.

Natürlich musst du umso mehr Territorium verteidigen, je mehr du dazugewinnst. Manchmal ist es gar nicht so einfach, den Überblick zu behalten. Das folgende Schaubild wird dir helfen herauszufinden, ob etwas dir gehört und ob du die Treppe hinunterrasen musst, um es zu verteidigen.

Vergiss nicht: Sobald du zu dem Schluss gekommen bist, dass etwas dir gehört, musst du es unter allen Umständen verteidigen! Das ist von größter Bedeutung. Alles, wofür du gearbeitet hast, steht auf dem Spiel. Verstöße können nicht toleriert werden.
Dein Terrain reicht weit über deinen Garten hinaus, und du kannst es jederzeit ausdehnen. Dein Blick ist auf einen schattigen Walnussbaum gefallen? Schnüffel ein wenig dort herum. Wenn er noch nicht markiert ist, dann heb einfach das Bein, und schon gehört er dir. Denkst du darüber nach, ob du nicht etwa vor dem Nagelstudio eine zweite Hundehütte brauchen könntest? Nur zu! Sobald du die Welt unter diesem Blickwinkel betrachtest, wirst du feststellen, dass möglicher Grundbesitz unbegrenzt vorhanden ist. Mach dir einfach klar: Alles, was du anpinkelst, gehört dir, sofern du willens bist, es zu verteidigen.

WAS IST ES? IST ES IRGENDWAS?
JA
Bell es an
NEIN
SCHLÄFST DU?
JA
NEIN
Bist du an einem Baum vor einem Café festgebunden?
JA
NEIN
BELL ES AN
SCHLAF WEITER
ZZZ

Die Entstehung von Parks

Für die meisten von uns ist der Park der einzige Ort, an dem wir unsere Glieder so richtig strecken und an ein paar neuen Abfällen herumschnüffeln können. Der Spaziergang an der Leine dreimal täglich dient zwar der Befriedigung elementarer körperlicher Bedürfnisse, aber es fällt schwer, einen Sprint hinzulegen, wenn dein pummeliges Herrchen nicht hinterherkommt. Komischerweise wurden Parks, obwohl sie grenzenlosen Spaß ermöglichen und allem Anschein nach wie für Hunde gemacht sind, in Wahrheit für die Menschen erschaffen, damit sie dort die dümmsten überhaupt vorstellbaren Gespräche führen können.

GESCHICHTE

Ungefähr im Jahr 7000 v. Chr. begann der Mensch in Mesopotamien, auch als Fruchtbarer Halbmond bekannt, eine komplexe Sprache zu entwickeln, die die unsere auszurotten drohte. Unsere Sprache ist bis heute einzigartig, weil sie auf Semantik, Einzelheiten und Trivialitäten verzichtet, wohingegen die menschliche Sprache fast gänzlich von diesen Elementen geprägt ist.

Während sich also die menschliche Sprache entwickelte, wollten unsere Herrchen ein Forum haben, in dem sie ihre idiotischen Gedanken zu Geschichte, Politik, Sport, Wissenschaften und Liebe austauschen konnten. Die Marktplätze und Häfen im alten Ägypten, in Griechenland und Rom erwiesen sich als ungeeignete Schauplätze für dämliche Gespräche. Jedes Mal wenn ein Fischer oder ein Gewürzhändler seine Ware anpries, musste ein potentieller Kunde seine bescheuerte Geschichte von einem Kurztrip in die Ägäis oder anderem Blödsinn abrupt unterbrechen. Die Menschen brauchten einen besonderen Ort, an dem der Handel ihr überflüssiges Geplapper nicht beeinträchtigen konnte.

Im Jahr 27 v. Chr. führte Kaiser Augustus, ein Imperator der Menschen, die *Pax Romana* ein. Dank der neuen friedlichen Ära begannen die dummen, geistlosen Dialoge zu florieren, denn die Römer verbrachten nun nicht mehr ihre ganze Zeit damit, die Welt zu erobern. Kaiser Augustus orderte Hunderte von Statuen (zumeist von sich selbst) und ließ sie auf die Straßen stellen. Diese Statuen wurden zu ganz selbstverständlichen Treffpunkten für Mensch und Hund gleichermaßen, denn sie waren gut zu sehen und äußerst praktische Stellen zum Pinkeln. Während nun also Hunde ihr Geschäft an den Skulpturen erledigten, bot sich ihren Herrchen Gelegenheit für ein Schwätzchen in Muße. Diese Mischung aus Abgabe von Exkrementen und sinnfreier Plauderei legte den Grundstein für die ersten Parks. Bald schon schaffte sich jeder nach blödem Geschwätz süchtige Mensch einen Hund an, weil er mit ihm eine Entschuldigung dafür hatte, an einer Statue herumzulungern. Schließlich beschworen die Menschen Augustus, einen anständigen Park einzurichten, in dem Hunde ausgiebig herumrennen und ihre Herrchen demzufolge ebenso ausgiebig und ohne jegliche Unterbrechung dumm herumquatschen konnten. Er kam ihrem Wunsch nach und ließ im Jahr 9 v. Chr. den berühmten *Ara Pacis Et Canis Ortus* (Altar des Friedens und des Hundeparks) auf dem Campus Martius in der Nähe des Tiber anlegen.

Der Ara-Pacis-Hundepark

CHRONOLOGISCHE ZUSAMMENSTELLUNG VON ZITATEN SINNLOSEN GEBRABBELS AUS DEM HUNDEPARK

- *600 v. Chr., Olmekenreich, Zentralamerika*: »Mann, ich hab gestern einen solchen Muskelkrampf gekriegt. Ich muss einen Termin beim Aderlasser vereinbaren.«
- *481 v. Chr., Eisenzeit, Kelten-Kultur, Britische Inseln*: »Entschuldigen Sie, wissen Sie, wie viel Uhr es ist? Ach, ich seh schon, mein Hund pinkelt grad auf die riesige Steinuhr. Vergessen Sie's!«

Hundeparks breiteten sich rasch im gesamten Römischen Reich aus, weil die Menschen immer mehr auf der Suche waren nach Örtlichkeiten, in denen sie bis zum Überdruss über die armselige Vorstellung der Gladiatoren ihrer Heimatstadt oder über das aktuelle Melodram von Seneca dem Jüngeren herziehen konnten.

Obwohl das Römische Reich letztendlich zusammenbrach, ging es mit den Parks weiter bergauf, und im Jahr 1682 durchschnitt Louis XIV. von Frankreich das Band zur Eröffnung des kunstreichsten und prächtigsten Parks, der je angelegt wurde: der Park von Versailles. Hier durften die Pudel frei zwischen den kunstvollen Rabatten, auf dem üppigen Rasen zwischen den ausgedehnten Kanälen und den herrlichen Fontänen herumtollen, während Höflinge und Bewunderer des Sonnenkönigs das dümmste und belangloseste Geschwätz zusammenbrabbelten,

---

- *409 n.Chr., Westgotisches Reich, Europa:* »Ich verstehe nicht, warum wir Honorius, dem Kaiser des Westreiches, helfen sollten, die Kontrolle über die Iberische Halbinsel zurückzugewinnen. Es ist sein Problem, dass er diese Vandalen nicht geschlagen hat, nicht unseres.«
- *467 n. Chr., Gupta-Reich, Nordindien*: »Haben Sie schon von dieser neuen Zahl Null gehört? Total merkwürdig. Sie ist nicht positiv und nicht negativ. Was, zum Teufel, ist sie dann?«
- *869 n. Chr., Großmährisches Reich, Europa*: »Ich kann mich einfach nicht an diese kyrillische Schrift gewöhnen, die wir jetzt verwenden sollen. Jedes Mal wenn ich anfange, eine To-do-Liste zu schreiben, merke ich, dass ich die falschen Buchstaben benutze.«

das die Welt je gehört hatte.

Heutzutage haben die Parks im Vergleich zu früher an Opulenz eingebüßt, aber wir können in ihnen immer noch genauso herrlich herumtoben. Zum Glück gewährleisten das Privatfernsehen, die neumodischen Blogs, politische Skandale und die steigende Zahl an Spieltagen der Fußballligen, dass unsere Herrchen immer noch genügend Themen zum Tratschen haben. Wenn dein Herrchen außerdem Single ist, dann kannst du wetten, dass du mindestens vier Mal die Woche in den Park gehst. Wenn du das nächste Mal hörst, wie dein Mensch

Der Hundepark in Versailles

- *1065 n. Chr., Königreich der Normannen, Europa*: »Findest du, dass wir nächstes Jahr die Britischen Inseln erobern sollten? Ich irgendwie schon. Aber so recht weiß ich's nicht. Mein Vater findet, wir sollten.«
- *1181 n. Chr., Reich der Khmer, Asien*: »Jayavarman VII. scheint ein großartiger König zu sein. Ich hoffe nur, dass er dem Volk nicht seinen Mahayana-Buddhismus aufs Auge drückt.«
- *1225 n. Chr., Mongolenreich, Eurasien*: »Ich weiß, dass ich mehr Yak-Milch trinken sollte, aber sie ist so teuer. Fünf Silberakce für eine Flasche? Sehe ich aus wie Geldbeutel-Khan?«
- *1603 n. Chr., Algonquin-Kultur, Nordamerika*: »He, Kumpel, diese europäischen Miezen, die neulich angekommen sind, sind ultrascharf. Die machen mich ganz verrückt.«

irgendeinen Fremden anquasselt und etwa fragt, ob er am Wochenende mit dem Schnellboot über den See rasen werde, dann weißt du, dass diese Art von Geschwafel dir Gelegenheit bietet, mindestens eine halbe Stunde lang frei herumzurennen.

- *1858 n. Chr., Zululand, Südliches Afrika*: »Yeah, ich bin echt auf diesen Mbaqanga-Sound abgefahren, aber der wird mir jetzt zu kommerziell. In letzter Zeit hab ich ziemlich viele Maskanda-Klassiker gehört.«

Geräusche, die Menschen nicht hören können

Unser überragender Hörsinn unterscheidet uns von unseren Herrchen und anderen menschlichen Wesen. Unsere scharfen Ohren empfangen Dinge, von denen sie überhaupt nichts mitkriegen.

Um dies mit einer Zahl zu belegen: Unser Gehör ist viermal so sensibel wie das ihre. Diesen Umstand kannst du Tag für Tag beobachten. Man sieht ihre Ohren nicht zucken, wenn die Dame von gegenüber ihren Dosenöffner zum Einsatz bringt oder wenn sich dieses Eichhörnchen von Eiche Nummer 5 drei Meter weiter oben niederlässt.

Sie sind weder in der Lage zu hören, ob sich vielleicht jemand an sie heranschleicht, noch können sie Frequenzen im höheren Bereich wahrnehmen. Sie hören Geräusche bis zu etwa 20 000 kHz und wir sogar über 50 000 kHz hinaus.

Deswegen gibt es Situationen, in denen wir auf etwas reagieren können, was sie gar nicht wahrnehmen. Daraus ergibt sich dummerweise in der Regel großes Geschrei.

Hast du denn nichts aus dieser einen Szene in *Superman* gelernt, als Gene Hackman eine Botschaft verkündet, die nur Superman und Hunde hören konnten? Hunde auf der ganzen Welt haben sie vernommen und wie verrückt gebellt. So ist das eben manchmal. Man kann nicht anders. Wenn unsere Herrchen dasselbe hören könnten wie wir, dann würden sie uns nie wieder für unser Gebell ausschimpfen. Zum einen würden sie unsere Reaktion verstehen. Zum anderen aber wären sie wahrscheinlich überrascht, wie langweilig ihre eigene hörbare Welt in Wirklichkeit ist.

Herrchen glauben, sie würden uns einen großen Gefallen tun, wenn sie das Radio anlassen, aber das tun sie nicht. Jeder Hund, der schon einmal den ganzen Tag ohne sein Herrchen bei dudelndem Radio zu Hause festsaß, weiß, dass es die reinste Folter ist – vor allem am Morgen. Entweder lacht dieser Typ im Radio dauernd so blöde, dass man am liebsten den Kopf zwischen die Sofakissen stecken würde, oder aber man möchte seine Schnauze alle zehn Minuten in die Kloschüssel tunken, weil die monotonen Stimmen einen so schläfrig machen.

Vielleicht bekommen wir eines Tages unseren eigenen Radiosender. Schließlich sind noch jede Menge Frequenzen übrig, und offensichtlich gibt es nicht genug Zeug, um die Lücken zu stopfen. Bis dahin bleibt uns nichts anderes übrig, als *alle* Geräusche auszuhalten, die an unsere großen Ohren dringen.

Es folgt eine Liste mit einigen der Geräusche, die wir ohne Weiteres hören, die an Menschen aber komplett vorübergehen.

KOLIBRIS

Bla bla bla bla bla. Sie halten ihren Schnabel nur, wenn sie ihren Kopf in diesen Zuckerwasserspender halten, und dann geht es gleich weiter mit irgendeinem Gejammer über Honig.

INSEKTEN

Sie machen alle irgendwie was anderes, aber sie summen. Man kann Insekten nicht verstehen, aber wenn man ihrem Summen folgt, landet man gelegentlich bei einem verrotteten Kadaver oder sogar einem exotischen Häufchen.

HUNDEPFEIFEN

Menschen blasen hinein, ohne zu wissen, wie sie klingen. Sie tun das nur, weil sie sehen wollen, wie wir die Ohren aufstellen und sie uns dann zuhalten. Sie finden das lustig. Ja, sehr komisch.

DER FAHNENMAST

Fahnenmasten klingen verdammt cool, wenn der Wind weht, und bei einem Zusammenstoß mit einem Auto fast wie eine Stimmgabel. Wenn du in der Nähe einer Bar lebst, die einen Mast auf dem Parkplatz stehen hat, wirst du dieses Geräusch wohl gelegentlich samstagabends hören.

Ein weiteres Beispiel für die klare Audio-Trennlinie zwischen Mensch und Hund ist das Album *Pet Sounds* von den Beach Boys. Die meisten Hunde finden, dass *Pet Sounds* als einzige Platte in der Sammlung ihrer Herrchen nicht angefressen werden sollte. Es ist eines der besten Alben aller Zeiten, aber es wird von Menschen nicht ausreichend gewürdigt, weil sie seine volle Brillanz einfach nicht hören können. Nur der Macher dieses Albums, Brian Wilson, ist immer noch

Hoppla

in der Lage (oder auch nicht), Dinge zu hören, die andere Menschen nicht hören. Nimm dir einmal Zeit und zieh dir die Scheibe rein, während du im Haus abhängst. Wenn du dich konzentrierst, dann hörst du, dass die Beach Boys das Geräusch der Sonne in ihre Musik einfließen lassen.

Fünf Dinge, die jeder Hund besitzen sollte

Grundsätzlich gilt, dass Hunde kaum mehr brauchen als das, womit sie auf die Welt gekommen sind. Unsere Standardmerkmale wie exzellente Ohren, scharfe Augen und starke Beine machen uns zu einer Elitegattung.

Wir haben also alle notwendigen Voraussetzungen, um als Spezies zu gedeihen. Aber es gibt fünf Dinge, die das Leben eines jeden Hundes deutlich verbessern.

Laserpointer:

Die Kunst des Zeigens ist manchen Arten von Natur aus gegeben, anderen eher weniger. Dieses raffinierte kleine Ding macht einen guten Anzeiger noch besser, und wir anderen sind damit wenigstens etwas effektiver.

Strohhalm:

Sehr praktisch für Flachspüler-Toiletten, die nur sehr wenig Wasser in der Schüssel haben. Jetzt ist Schluss mit verrenkten Hälsen beim Trinken.

Ein Satz neuer Zähne:

Kleinere Hunde wollen manchmal ernster genommen werden. Für große Hunde mag es gelegentlich wichtig sein, weniger gefährlich zu wirken. Ein Satz guter neuer Zähne wird das eine wie das andere bewerkstelligen.

Kabellose Stichsäge:

Das perfekte Werkzeug für den Heimwerker. Das batteriebetriebene Modell kommt ohne weiteres mit einer Tür aus massiver Eiche zurecht und bedarf kei-

ner schwer zu entwirrenden Verlängerungskabel. Macht aus jeder Tür eine Hundetür!

Ein gutes Herrchen:

Sich ein solches zu suchen steht an oberster Stelle, und hoffentlich dauert es nicht allzu lang. Ein gutes, freundliches Herrchen wird dein Leben in vielerlei Hinsicht bereichern. Das Wertvollste sind letzten Endes nicht freie Kost und Logis, die man dir gewährt. Diese Dinge sind natürlich toll, aber du würdest sie auch so bekommen, wenn du müsstest. Worum es hier geht, ist das zuverlässige Gefühl, dass man dich wirklich um sich haben will, dich braucht. Und das wiederum merkst du, wenn du ohne Grund am Kopf getätschelt wirst.

Die Grundregeln des Apportierens

Apportieren ist heutzutage die populärste Hundesportart der Welt. Alle jungen Hunde lieben es, aber nur wenige wissen, dass seine Wurzeln ins Bayern des 17. Jahrhunderts zurückreichen.

Weil häufig blutrünstige Wölfe durch ihre Wälder strichen, war es für die bayerischen Waldarbeiter schwierig, ihre Arbeit zu erledigen. Um sie zu verscheuchen, warfen die Männer mit Stöcken nach den Wölfen. Das funktionierte eine Zeit lang gut. Aber nach einigen Monaten fingen die Wölfe an, nach den Stöcken zu schnappen und sie schließlich ins Maul zu nehmen und hin und her zu tragen. Allerdings waren die Wölfe danach meist ziemlich wütend und vom vielen Herumgerenne hungrig. Die Arbeiter mussten also fliehen, um nicht sogleich verschlungen zu werden.

Eines Tages aber bemerkte ein junger schlauer Waldarbeiter, dass er den Wolf fix und fertig machen konnte, indem er einfach nicht aufhörte, Stöcke zu werfen. Die Technik verbreitete sich rasch in den Wäldern ganz Europas.

Am Ende war Apportieren weniger ein Mittel, um zu überleben, als vielmehr ein Spiel, das von den Bauern und ihren Hunden übernommen wurde, die ihren Spaß daran hatten. Die Bauern waren nicht allzu helle, und so war es den Hunden überlassen, einige Regeln aufzustellen.

Und das sind die Regeln, die wir noch heute befolgen:

Spieler

Apportieren ist ein Wettstreit zwischen zwei Spielern, einer von ihnen ist ein Mensch, der andere ein Hund.

Der Stock

Er sollte einen maulgerechten Umfang (zwei bis drei Zentimeter) haben und nicht länger als sechzig Zentimeter sein. Er muss aus echtem Holz sein, vorzugsweise aus einer weichen Sorte wie etwa Kiefer. Dies gewährleistet den besten Zubiss und eine gute Kontrolle. Der Stock muss frei sein von Blättern und Trieben.

Spielfeld

Es wird am besten im Freien gespielt, wo auch immer ausreichend Platz ist.

Saison

Apportieren kann das ganze Jahr über gespielt werden.

Grenzen

Menschen müssen den Stock irgendwohin werfen, von wo er zurückgeholt werden kann. Jeder Ort, den ein Hund physisch nicht erreichen kann, zum Beispiel oben auf einem Lastwagen, ist nicht zulässig.

Punktewertung

Menschen bekommen 5 Punkte pro Meter geworfene Distanz. Hunde bekommen 37 Punkte, wenn sie den Stock innerhalb von 10 Minuten zurückbringen. Menschen erhalten 42 Punkte, wenn sie den Stock binnen 30 Sekunden, nachdem er zurückgebracht und abgelegt wurde, erneut werfen. Hunde bekommen 154 Punkte und 12 Bonus-Leckerli, wenn sie den Stock im Flug erwischen.

Strafen

Menschen bekommen 78 Punkte abgezogen, wenn sie den Stock in die Nähe eines anderen Hundes werfen, der ihn abfängt. 340 Punkte Abzug gibt es, wenn sie den Stock an eine schwierig zu erreichende Stelle werfen, und 663 Punkte Abzug dafür, den Stock nicht sofort dann zu werfen, wenn der Hund bereit ist. Ein Hund bekommt 2 Punkte abgezogen, wenn er sich länger als 30 Minuten von etwas anderem ablenken lässt. 15 Punkte Abzug gibt es dafür, den Stock vier Meter oder mehr vom Herrchen entfernt abzulegen. Wenn ein Hund mit dem falschen Stock wiederkommt, werden ihm 212 Punkte abgezogen; wenn der falsche Stock jedoch binnen weniger als fünf Minuten wieder weggetragen wird, dann erfolgt keine Strafe.

Fouls

Einen Wurf nur anzudeuten stellt ein Foul dar. Zwei Fouls, ob nun aufeinanderfolgend oder nicht, haben zur Folge, dass der Mensch das Spiel verloren hat, woraufhin der Hund die Möglichkeit bekommt, eine neue Runde zu eröffnen.

Spieldauer

Das Spiel geht so lange, bis ein Spieler 17 572 Punkte erreicht und damit das Spiel gewonnen hat. Wird ein Spieler müde und gibt auf, so hat er verloren. Sollte der Moment für eine Mahlzeit gekommen sein, dann wird das Spiel unterbrochen, um später zu einem passenderen Zeitpunkt fortgesetzt zu werden.

EIN HINWEIS ZUM SPORTSGEIST: Aufkommender Streit sollte in freundschaftlicher Weise geschlichtet werden. Den Spielern sollte daran gelegen sein, die Integrität des Spieles zu wahren und sich in Erinnerung zu rufen, dass es sich um eine altehrwürdige Sportart handelt. Bring keine Schande über unseren allerliebsten Zeitvertreib.

Große Hundekämpfe – Teil zwei

PEPPER GEGEN EINEN LICHTSTRAHL

Im Jahr 1956 war Albuquerque, New Mexico, noch ein ruhiger Ort. Die zweijährige Pepper Carlson, eine Corgi-Hündin, wurde morgens um sieben Uhr Gassi geführt. Wieder zu Hause, bekam sie eine Schüssel Trockenfutter und legte sich danach zu einem Schläfchen nieder.

Diese gemächliche Routine allerdings sollte sich im Winter desselben Jahres schlagartig ändern.

Es war der 4. Februar, ein Donnerstag. Pepper genoss gerade einen besonders schönen Traum, in dem ihr Lieblingsspielzeug vorkam, ein verknotetes Stück Seil. Sie zog mit aller Macht daran, das Seil schien nachzugeben, und sie sah sich schon damit im Haus herumrasen, um jedermann zu zeigen, was für eine tolle Hündin sie war. Als ihr Frauchen, Sharon Carlson, nach Hause kam und eine Schachtel auspackte, erwachte Pepper abrupt und sprang auf, um der Sache nachzugehen. Sie kam gerade rechtzeitig in die Küche getrottet, um zu sehen, wie Sharon einen glänzenden neuen, gänzlich verchromten Toaster auspackte. Zu diesem Zeitpunkt schien das eine wunderbare Neuigkeit zu sein, denn Pepper liebte Toast. Womit sie jedoch nicht gerechnet hatte, war, dass der Toaster einen unwillkommenen Gast mit sich bringen würde.

Um neun Uhr am nächsten Morgen hatte Pepper erneut den Traum mit dem Seil. Gerade als sie jedoch zum besten Teil kam, störte sie etwas – irgendeine Präsenz, die sie nicht so recht bestimmen konnte. Sie hob die Lider und wurde augenblicklich von einem gleißenden Lichtstrahl getroffen, der sie fast erblinden ließ. Pepper wich zurück, alarmiert, dass dieser Eindringling unbemerkt in ihr Aktionsfeld gelangen konnte. Wo kam er her? Sie sah sich um und wollte verzweifelt die Herkunft ermitteln. Nach einiger Zeit hatte sie schließlich die Lösung: Irgendwie hatte die morgendliche Sonne wohl eine Allianz mit dem Toaster geschlossen, um sie im Schlaf zu attackieren!

Sie knurrte, um den Lichtstrahl wissen zu lassen, dass es sich bei der Stelle, auf die er schien, um ihr

Bett handelte. Wüsste er, was gut für ihn wäre, dann würde er hier auf der Stelle verschwinden. Das Licht jedoch blieb, trotzt Peppers Drohungen. Sie kam zu dem Schluss, dass wohl ein aggressiverer Ton vonnöten war, und bellte eine schroffere Warnung hinaus, mit der sie den Lichtstrahl informierte, dass sie diesen Einfall in ihr Territorium nicht akzeptieren würde. Der Lichtstrahl aber blieb, wo er war.

Nachdem sie ihn fairerweise gewarnt hatte, sprang Pepper, den Toaster im Rücken, auf den Flecken Licht zu, bellte und schnappte danach. Das schien das Mittel der Wahl zu sein, denn das Licht verschwand augenblicklich. Sobald sie jedoch wieder in ihrem Körbchen lag, kehrte es zurück, heller als zuvor.

Nach drei, vier weiteren Versuchen, den Strahl zu verscheuchen, wurde Pepper müde. Sie erwog, klein beizugeben, sich einen anderen Platz zum Schlafen zu suchen und dem Lichtstrahl ihr Körbchen zu überlassen. Aber sie war auch stolz und resolut, und zu kapitulieren war für sie keine echte Option. Sie kam zu dem Schluss, dass sie einen neuen Schlachtplan brauchte, um das Licht zu besiegen und ihren geliebten Schlafplatz zurückzuerobern. Pepper wusste, dass der Toaster irgendwie mit diesem aggressiven Eindringling zusammenarbeitete, und so beschloss sie, den Kampf nunmehr mit dem Verursacher zu führen. Sie betrat die Küche, wobei sie prüfte, ob der Lichtstrahl ihr folgte. Er folgte ihr nicht. Stattdessen war er in ihrem Körbchen ein wenig weitergekrochen. Das machte Pepper noch wütender. Es war ihr verboten, auf die Arbeitsfläche zu springen, aber hier handelte es sich um besondere Umstände: Sie musste diesem Angriff ein Ende bereiten und eine klare Grenze ziehen. Pepper sprang auf einen Tritthocker und nutzte ihren Schwung zu einem Satz auf die Arbeitsfläche, auf der der metallene Toaster stand. Dann nahm sie all ihren Mut zusammen, bellte den Toaster zur Warnung an und stieß ihn mit ihrer Schnauze.

Der Toaster kippte von der Arbeitsfläche und schlug geräuschvoll auf dem Boden auf. Pepper sprang ihm hinterher und bellte mehrmals, bevor sie zögernd zu ihrem Körbchen sah. Es hatte funktioniert! Das Licht war verschwunden.

Als Sharon Carlson nach Hause kam und den besiegten Toaster auf dem Boden liegen sah, wurde sie unerklärlicherweise ziemlich wütend. Sie schimpfte mit Pepper, die zu erklären versuchte, was geschehen war, sich aber nicht verständlich machen konnte. Sharon hob den Toaster auf und stellte ihn in eine dunkle Ecke, wo Pepper ihn nicht mehr erreichen konnte.

Das Licht kehrte nie mehr zurück. Mit ihrem Mut und ihrer Findigkeit war es Pepper gelungen, das Licht in Schach zu halten und zu besiegen, was ein für alle Mal beweist, dass Hunde feindlichen Lichtstrahlen überlegen sind.

Hündinnen

Eine Hündin zu besteigen ist nicht so einfach, wie es aussieht. Hündinnen sind komplizierte, sensible Kreaturen, und manchmal muss man sich in ihrer Anwesenheit anders verhalten als normalen Hundefreunden gegenüber. Manche Hündinnen lassen sich zum Beispiel nicht so wie deine Freunde davon beeindrucken, wie viel du von deinem eigenen Erbrochenen fressen kannst.

Es stimmt, dass jede Hündin anders ist, dennoch gibt es einige grundlegende Richtlinien, wie man eine Hündin behandelt. Und so halten wir es für sinnvoll, ein paar althergebrachte Empfehlungen weiterzugeben, wie man eine Hündin so respektvoll wie möglich umwirbt.

EMPFEHLUNGEN

1. Beachte die Körpersprache einer Hündin genau. Nicht selten rasen wir Hunde auf eine Hündin los und besteigen sie schnurstracks, nur um erleben zu müssen, dass sie sich umdreht und nach uns schnappt. Um so ein un-

glückliches erstes Aufeinandertreffen zu vermeiden, solltest du, bevor du deine Pfoten auf ihr Hinterteil legst, nach einem Hinweis suchen, der dir zeigt, dass die Hündin dich mag. Ein erhobener Schwanz, aufgestellte Ohren sowie eine Duckposition sind Zeichen dafür, dass die Hündin der Möglichkeit des Kopulierens zumindest aufgeschlossen gegenübersteht.

2. Gib dich einer Hündin gegenüber ein wenig zuvorkommend. Wenn ihr beide an einer Wasserschüssel steht, dann tritt zurück und lass sie zuerst trinken. Der alte Trick, einander »aus Versehen« die Zunge zu lecken, während man aus derselben Schüssel Wasser schlabbert, wird von vielen Hündinnen heutzutage für kindisch gehalten. Viel besser ist es, sie trinken zu lassen, so viel sie will, und sich erst dann selbst zu bedienen. Sie wird es dir danken.

3. Schinde Eindruck. Du musst kein Sportchampion sein, aber ein wenig körperliche Fitness beweist einer Hündin, dass du dich um deinen Körper kümmerst und dich anstrengst, ihr zu gefallen. Selbst eine solche Kleinigkeit wie das Fangen eines Tennisballs gleich nach dem ersten Aufprall kann sehr viel zu so einem Renommee beitragen.

4. Verteidige eine Hündin. Im Park gibt es jede Menge Idioten, die eine Hündin angreifen – nicht selten grundlos. Wenn du hier nicht einschreitest, um sie zu beschützen, kannst du nicht erwarten, sie später besteigen zu dürfen.

5. Pinkel niemals auf eine Hündin. Es kann leicht passieren, dass du ein wenig Urin verlierst, wenn du in Anwesenheit einer Hündin nervös bist. Aus Nervosität zu pinkeln ist nicht weiter schlimm, eine Hündin wird das verstehen, vor allem wenn sie dich mag. Aber *auf* eine Hündin zu pinkeln, wenn du nervös bist, sendet eine falsche Botschaft aus. Hündinnen sind nicht dein Territorium, halte ihnen also deinen Urin vom Leib.

6. Leck dich gründlich, bevor du kopulierst. Leck dir die Pfoten, die Flanken und die Weichteile (in dieser Reihenfolge). Wenn du dich in Speichel badest, zeigst du der Hündin damit, dass dir ihr olfaktorisches Wohlbehagen am Herzen liegt.

7. Einer Hündin einen Knochen anzubieten, wenn du älter bist, gilt als nette Geste und als Zeichen dafür, dass du ein sehr guter Ernährer für einen möglichen Wurf wärst. Wenn du jedoch noch ein junger Hund bist, kann diese Galanterie aufdringlich wirken. Und selbst wenn du eine Hündin sehr magst, musst du ihr den Raum und die Freiheit geben, auch von anderen Hunden bestiegen zu werden.

8. Vergewissere dich, dass du sie auf der richtigen Seite besteigst. Manchmal schauen wir im Eifer des Gefechts nicht nach unten. Findest du dich am falschen Ende wieder, ist dies nicht nur peinlich, du könntest es dir mit dieser Hündin auch für alle Zeit verderben.

Wie man Herrchen wie einen Idioten aussehen lässt

Die meisten Herrchen sind gutmütige, zuverlässige Menschen. Sie geben uns zu fressen und eine Unterkunft, und hin und wieder lassen ihre kleinen Wurstfinger ein bisschen Popcorn oder eine Truthahnkeule fallen. Selbst gutmütige Herrchen müssen allerdings von Zeit zu Zeit in ihre Schranken gewiesen werden. Sie in der Öffentlichkeit dumm dastehen zu lassen gemahnt sie, dass ein Hund seinen Auslauf braucht und im wahrsten Sinn des Wortes nicht gerne sitzengelassen wird.

Im Folgenden findest du einige klassische Methoden, Herrchen dazu zu zwingen, sich an diese Regeln zu halten. Du wirst feststellen, dass es sich ausschließlich um im Freien anwendbare Methoden handelt mit dem Ziel, die größtmögliche öffentliche Bloßstellung zu erreichen. Sehr effektive Methoden, wie man sein Herrchen zu Hause blamiert, findest du ab Seite 269.

MACH ZWEI GROSSE HAUFEN

Herrchen haben die Neigung, sich an den Rhythmus deines Geschäftemachens zu gewöhnen. Vielleicht machst du einen großen Haufen immer nur bei jedem zweiten Spaziergang, oder du hast eine ganz bestimmte Stelle, wo du deinen Haufen setzt. Wie auch immer deine Routine aussieht, scheu dich nicht, sie zu durchbrechen und dein Herrchen zu überraschen. Die einfachste Art, ihm Sand ins Getriebe zu streuen, ist, bei einem Spaziergang zwei Haufen zu machen. Damit rechnen Herrchen nie, nie, niemals. Demzufolge denken sie auch gar nicht daran, mehr als eine Plastiktüte mitzunehmen.

Der entscheidende Punkt ist nun, die zweite Ladung an einem extrem belebten Ort abzusondern, zum Beispiel mitten auf dem Bürgersteig. Wenn dein Herrchen dich anfleht aufzuhören, weißt du, dass du genau das Richtige tust. Normalerweise wird dein Besitzer dann in eine ein- bis dreiminütige jämmerliche Panik verfallen, während er gleichzeitig versuchen wird, den Verkehr um den Haufen herumzuleiten. Sodann wird er fremde Menschen ansprechen, ob sie ihm vielleicht mit einer Plastiktüte aushelfen können. In einigen Fällen wird er sogar allen Ernstes abwägen, den Haufen mit der bloßen Hand aufzuklauben oder ihn auf dem Gehsteig zurückzulassen, auch auf die Gefahr hin, dafür von den anderen Passanten verachtet zu werden. In unserer Kacke liegt wahrhaftig eine große Macht.

VERWICKLUNGEN

Hundeleinen sind ein großartiges Werkzeug, um dein Herrchen bloßzustellen. Du musst nur wissen, wie man sie richtig zum Einsatz bringt. Eine stramme Leinenverhedderung nutzt den Umstand, dass dein Herrchen ein zweibeiniger Trampel ist. Nichts nimmt einem Menschen so leicht den Wind aus den Segeln wie ein uneleganter Sturz in den Dreck oder auf den Asphalt. In einer belebten Umgebung funktioniert das Über-die-Leine-Stolpern am besten. Du musst nicht mehr tun, als zunächst ein wenig zurückzubleiben, um dann vor deinem Herrchen diagonal nach vorne zu schießen.

Solltest du angeleint sein, während dein Herrchen stehen bleibt, um mit einer Bekannten zu sprechen, dann wende am besten eine andere Methode an. Dein Herrchen soll flirten, wann es ihm beliebt, bei Spaziergängen aber hast du das Vorrecht. Um einen schönen Leinenwirrwarr auf der Stelle hinzukriegen, ist ein heimliches Herumschleichen erforderlich. Während dein Herrchen also mit den Lefzen schlackert, tippelst du leise um seine Beine herum. Wickel die Leine recht locker um seine Knöchel, damit dein Besitzer nichts merkt. Wenn er dann seinen Weg fortsetzen will, wird er eine peinliche, sein Ansehen schlagartig verringernde Überraschung erleben.

AGGRESSIVES SCHNÜFFELN

Es hält sich unter den Menschen der verbreitete Mythos, Hunde würden es lieben, die Schnauze zwischen die Beine des Menschen zu stecken. Falsch. Wer um alles in der Welt kommt auf die Idee, das sei eine angenehme Erfahrung? Nein, die Wahrheit ist, dass wir unseren Herrchen im Schritt herumschnüffeln, weil es denen extrem peinlich ist. Zur Technik gibt es nicht viel zu sagen. Nimm deine Nase und steck sie jemandem zwischen die Beine.

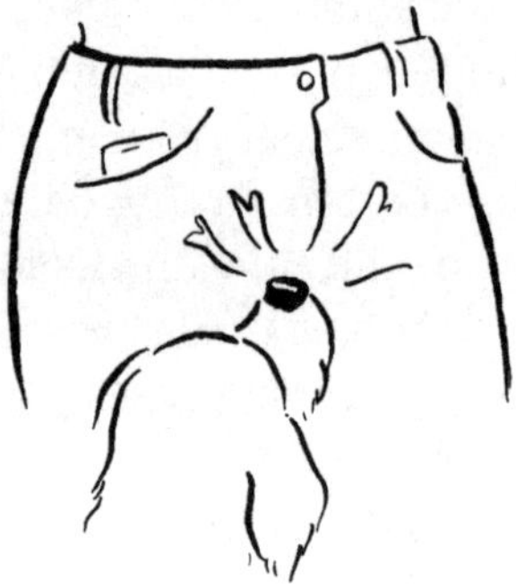

Der wahre Erfolg stellt sich jedoch erst ein, wenn die Leute, mit denen dein Herrchen gerade spricht, in Gedanken eine Liste mit Fragen durchgehen: *Was ist los mit diesem Mann, dass der Hund so an seinem Schritt interessiert ist? Wäscht der Typ sich nicht? Hat der Kerl ein Sandwich zwischen den Beinen? Warum sonst macht der Hund das? Ich muss sofort aufhören, mit dieser Person zu sprechen, und ihn den Behörden melden.*

Denk über Situationen und Szenarien nach, in denen das Schnüffeln zwischen den Beinen besonders peinlich sein könnte. Knutscht dein Herrchen gerade mit jemandem herum? Es wird nicht lange dauern, wenn du deinen Kopf in seinem Schritt versenkst. Hat er dich in einen Laden mitgenommen, in dem keine Lebensmittel verkauft werden? Was sollen wir denn dort? Bestraf dein Herrchen dafür, dass du gezwungen wirst, mitzukommen, indem du einem Laufburschen völlig hysterisch an die Latzhose gehst. Wird dein Spaziergang unterbrochen, weil er sich bei einem Professor einschleimt? Das soll er doch bitte in den Sprechstunden tun, der Trottel.

EINEN ANDEREN MENSCHEN BEVORZUGEN

Manchmal haben Herrchen die schlechte Angewohnheit, mit deiner Liebe und Loyalität anzugeben, indem sie vollkommen alberne Szenarien heraufbeschwören. Am beliebtesten ist es, dich zwischen das Herrchen und einen anderen Menschen zu setzen. Dann wirst du gezwungen, dich für einen zu entscheiden, indem beide sich die Knie tätscheln und dich krampfhaft anflehen, zu ihnen zu kommen.

Diese Vorführung ist absolut demütigend. Wenn sich dein Herrchen eine Zirkusvorstellung wünscht, dann soll er sich einen Clown besorgen. Du solltest nicht zulassen, dass deine Liebe und Loyalität vorgeführt werden, um andere zu amüsieren. Wenn du dich in einem solchen Beziehungsdreieck befindest, dann stell dein Herrchen für diese Albernheit bloß. Sobald dein Herrchen und diese andere Person also anfangen, deinen Namen zu rufen, gehst du einfach zu der anderen Person. Ob das grausam für dein Herrchen ist? Vielleicht. Aber nicht grausamer, als dich grundlos aufzufordern, deine Liebe unter Beweis zu stellen. Wir Hunde können nur hoffen, dass die Menschen untereinander nicht derartig hohle Liebesbeweise einfordern.

Eine Bemerkung zum Aufreiten und »Lippenstift-Zeigen«

Das eine wie das andere sind Techniken, die dein Herrchen ganz bestimmt in Verlegenheit bringen werden, aber du solltest nur im Notfall darauf zurückgreifen, denn du stellst bei diesem Vorgang zweifellos auch dich selbst bloß. Manchmal scheinen sowohl das Aufreiten am Bein des Menschen als auch eine schlecht getimte Erektion angebracht. Wenn es aber dein Ziel ist, intelligenter zu wirken als dein Herrchen, dann bleib lieber bei den oben beschriebenen Techniken.

Mit Kreaturen leben, die sich bei dir eingenistet haben

Die Welt ist groß und wunderbar. Es gibt auf ihr unzählige Tiere, die alle irgendwo leben müssen – auf einem Baum, in einem Loch in der Erde und grundsätzlich überall, wo sie sich wohl und zu Hause fühlen. Das geeignete Heim für einige Kreaturen kannst sogar du persönlich sein.

Stell dir vor, du liegst eines Tages auf einem Handtuch im Park, und bald schon ist klar, dass irgendjemand in deinem Fell wohnt. Zunächst hast du es vielleicht mit einem einzelnen illegalen Mitbewohner zu tun, aber das wird vermutlich nicht lange so bleiben.

Nach dem ersten Schock darüber, dass gerade deine Privatsphäre verletzt worden ist, wird dir schmerzlich klar, dass diese Viecher sogar vorhaben, zu bleiben. Es ist dabei nicht besonders nett und zeugt von größter Rücksichtslosigkeit, dass sie überall ihren Speichel hinterlassen, dein Fell vollschmieren und deine Haut zum Jucken bringen. Zudem bedienen sie sich an dir, und zwar ohne jede Gegenleistung. Geht es noch skrupelloser?

Nach einigen Nächten, in denen dich das Jucken nicht schlafen lässt, hast du die Schnauze wahrscheinlich voll und versuchst, die Viecher wegzukratzen, was nicht funktioniert. Selbst wenn du Glück hast und ein paar von ihnen rausschmeißen kannst, hieven sie sich aus eigener Kraft wieder vom Boden hoch, ziehen wieder bei dir ein und leben munter weiter in deinem Fell. Nachts um drei einen Höllenlärm und ein munteres Treiben zu vernehmen gefällt niemandem. Du willst um diese Stunde schlafen, und es ist ja nicht so, dass du all dem zugestimmt hättest. Wirklich nicht.

Irgendwann hältst du es nicht mehr aus und bist mit deiner Weisheit am Ende. Schon wieder sind die Viecher unter dein Halsband geraten. Wie also geht man mit dieser Situation um?

Man darf nicht vergessen, dass solch zermürbende Umstände einiges an Diplomatie erfordern. Du erreichst allerdings nichts, wenn du als Hitzkopf auftrittst. Sosehr du auch bellst und lamentierst, es wird nichts nützen. Setz erst mal alles daran, dich zu beruhigen, verlier nicht die Fassung. Diese Genugtuung willst du ihnen nicht gönnen.

Versuch zunächst, diese Kreaturen zu ignorieren,

und lass nicht zu, dass sie dich quälen. Gib dich vernünftig und steh über der Sache. Vergegenwärtige dir, dass die Viecher nicht die gleichen Vorzüge im Leben genossen haben wie du und in der Nahrungskette eine niedrigere Position haben – sie können also gar nicht anders.

Wenn du zu dem Schluss kommst, dass du das Problem nicht länger ignorieren kannst, dann gibt es die Möglichkeit, zumindest vorübergehend Abhilfe zu schaffen. Such dir einfach eine morastige, schlammige Stelle und wälz dich darin.

Es kann allerdings passieren, dass die Situation absolut unerträglich wird. Jetzt helfen weder Geduld noch Verständnis. Nun ist vielleicht der Zeitpunkt gekommen, dein Herrchen zu Rate zu ziehen, der mit Sicherheit schon mit den verschiedensten Plagen zu tun hatte und weiß, wie man damit umgeht. Wenn er ein klein wenig Zeit erübrigen kann, winsel ihm

dein Leid und vermittel ihm durch übermäßiges Kratzen, dass du seinen Beistand brauchst. Er wird sich deiner annehmen.

Dies stellt allerdings das letzte Mittel dar. Du solltest nicht leichtfertig darauf zurückgreifen. Herrchen verlangen für ihre Dienste horrende Preise. Einen Schritt wie diesen bezahlst du teuer. Rechne zumindest mit einem Bad. Das Prozedere ist sehr unerfreulich, aber wenn du das überstanden hast, wird sich bei dir möglicherweise wieder Normalität einstellen – mitsamt der Hoffnung, dass das Leben dich in Zukunft mit liebenswürdigeren Kreaturen in Berührung bringt, die weniger nerven.

Baden

Zwar entscheidet sich ein Hund hin und wieder aus reiner Verzweiflung selbst für ein Bad, um das Getier in seinem Fell loszuwerden, aber rein instinktiv lassen wir das mit dem Baden lieber sein. Wir bringen Monate damit zu, eine perfekte, kräftige, ganz persönliche Duftnote zu kultivieren. Das kann eine Menge Mühe kosten, und wenn wir den Zenit an Gestank erreicht haben, wollen wir uns auf unseren Lorbeeren ausruhen und ihn ein wenig genießen.

Leider ist genau das oft der Augenblick, in dem die Stunde für ein Bad schlägt. Für das Herannahen der Zeit des Abgeschrubbtwerdens gibt es verräterische Anzeichen. Sei ultrawachsam, wenn dein Herrchen alte Shorts und ein bedrucktes Werbe-T-Shirt anzieht, das er in der Arbeit geschenkt bekommen hat. Wenn er dann zum Rasenmähen hinausgeht, hast du noch einmal Glück gehabt; wenn er aber jede Menge Flaschen und Behälter ins Badezimmer schleppt, dann gibt es kein Entkommen.

Wenn du dieses Badeprozedere schon des Öfteren erlebt hast, dann weiß dein Herrchen, dass *du* weißt, was auf dich zukommt. Er hat inzwischen spitzgekriegt, dass du dich verstecken wirst, und hält schon ein ganzes Arsenal an Verführungen bereit – deine Lieblingssocke, einen Hotdog, dieses quietschende Spielzeugsaxophon, das dich völlig überschnappen lässt –, alles, was auch immer garantiert, dass du dein sicheres Plätzchen verlässt und ins Badezimmer marschierst, ohne dass er sich besonders anstrengen müsste. Wenn du auf diese Weise angelockt wirst, mach dir nichts draus. Wir sind alle schon das eine oder andere Mal schwach geworden.

Sobald du gepackt und in die schaumigen Tiefen getaucht wirst, ist jeder Widerstand zwecklos. Je mehr du dich windest und zierst, desto entschlossener wird dein Herrchen zugange sein. Die beste Taktik ist, Kooperation vorzutäuschen und insgeheim die Flucht zu planen.

Der beste Zeitpunkt für den entscheidenden Schritt ist gekommen, wenn dein Herrchen dich kurz loslässt. Jetzt musst du sehr schnell handeln – ein Satz, und dann ab durch die Mitte! Sollte dein Herrchen versuchen, dich zu packen, setz dein glitschiges Äußeres und die Abneigung deines Herrchens, nass zu werden, zu deinen Gunsten ein.

Sobald du aus dem Badezimmer geflohen bist, solltest du eine Bewegung Richtung Schlafzimmer andeuten. Es ist viel wahrscheinlicher, dass dein Herrchen dir den Weg zu versperren versucht und dir anschließend im Freien nachjagt, als dass er es zulässt, dass seine Bettdecke und sein Teppich mit dem Geruch eines nassen Hundes infiziert werden. Und das ist gut so, denn draußen gibt es viel bessere Verstecke, und du kannst jetzt, wo du nass bist, sogar einen noch intensiveren Gestank annehmen.

Wenn dein Herrchen dich schließlich findet – wahrscheinlich unter der Veranda, gegen das Fundament des Hauses gedrückt und voller Spinnweben –,

ist es an der Zeit, die weiße Flagge zu hissen und das lästige Bad hinter dich zu bringen.

In der Regel empfehlen wir keine Kapitulation, aber so ekelhaft ein Bad auch ist, es ist ein notwendiges Übel. Zum einen garantiert es dir eine fortgesetzt gute Beziehung zu deinem Besitzer, der ja nicht die gleichen Gerüche schätzt wie du; denn wenn du stinkst wie die Eingeweide einer Beutelratte, ist es wenig wahrscheinlich, dass du gestreichelt wirst, und ganz sicher werden all deine Sofa- oder Bettprivilegien gestrichen.

Es gibt noch einen anderen Grund, sich zu fügen: Wenn du dich zu sehr sperrst, wird sich dein Herrchen vielleicht dafür entscheiden, einen Söldner zu engagieren, der dich badet. Dafür bringt man dich in seine Höhle, die sich »Hundesalon« nennt und ein Alptraum ist: Es gibt keine Chance für Verhandlungen und auch keine raffinierten Lockversuche. Du wirst gepackt, gebändigt und geschrubbt – basta. Obendrein begnügt man sich auch nicht mit einem bloßen Bad, nein, man führt dort die vollständige Demütigung durch. Zu den bestialischen Werkzeugen gehören Föhn, elektrische Knipszange und Nagelschere. Man putzt und pudert, vielleicht färbt man sogar dein Fell in einer unnatürlichen Farbe. Die Men-

schen dort sind schuld daran, dass der majestätische Pudel zu einer Lachnummer der Hundewelt verkommen ist.

Ein gutes altes Bad ist dagegen doch gar nicht so schlimm, oder?

Früher oder später musst du ohnehin akzeptieren, dass es ohne Baden nicht geht. Lass dein Herrchen einfach nur wissen, dass diese Marter dich äußerst unglücklich macht. So fühlt er sich zumindest schuldig, und schuldbewusste Herrchen geben, wie wir alle wissen, mehr Belohnungen.

Pawlow

Iwan Pawlow (1849–1936) ist für seine Lehre vom bedingten Reflex weltberühmt geworden. Pawlow war ein russischer Wissenschaftler, der Experimente mit Hunden durchgeführt hat. Was viele Menschen nicht wissen ist, dass auch die Hunde ihrerseits angesehene Wissenschaftler waren, die bei Pawlow viel über den Menschen gelernt haben. Ihre Leistung war außerordentlich, und Hunde auf der ganzen Welt greifen auf Erkenntnisse aus diesen Studien zurück, um Menschen nach Belieben zu dressieren und zu konditionieren (siehe auch Seite 286).

Hier ein nie zuvor veröffentlichter Auszug aus der wissenschaftlichen Arbeit der beiden Hunde Iwan Pawlows – des führenden Wissenschaftlers Sergej und seines jungen Assistenten Alexej.

8. Oktober 1895

Heute haben Alexej und ich den Auftrag angenommen, das Verhalten eines gewissen Dr. Iwan Pawlow zu untersuchen. Das vorrangige Anliegen unserer Forschung ist, eine neue Hypothese zu überprüfen, die lautet: Durch Bekundung und Wiederholung einer bestimmten Abfolge von Aktivitäten können Menschen so konditioniert werden, dass sie uns auf Befehl etwas zu fressen geben. Manche Hunde sind der Überzeugung, dem Menschen könne nichts beigebracht werden. Wir aber wollen sie Lügen strafen. Wir werden in Pawlows Haus leben und seine natürlichen Gewohnheiten beobachten und gleichzeitig sein Verhalten sorgfältig aufzeichnen. Ein vielversprechender Tag. Alexej und ich freuen uns darauf, mit unserer Forschung zu beginnen.

23. Oktober 1895

Gleichwohl interessant, läuft die Erkundung ein wenig schleppend an. Wir haben verschiedene Dinge ausprobiert: mit den Schwänzen gewedelt, gebellt und uns neben unsere Futternäpfe gelegt, die Ohren aufgestellt, an Pawlows Hosenbein gezerrt. Aber er unterlässt es, auf eines dieser Stimuli zu reagieren. Was wir allerdings beobachtet haben, ist, dass er äußerst fasziniert auf ein kleines Glöckchen reagiert, das er in seinem Labor aufbewahrt. Vielleicht können wir dieses Spielzeug in das Training integrieren? Einen Versuch ist es wert.

25. Oktober 1895

Heute war ein extrem enttäuschender Tag. Pawlow stand auf und rutschte gleich als Erstes auf einem Spielzeug aus, das der junge Alexej im Korridor liegengelassen hatte. Pawlow verdrehte sich den Rücken und muss für einige Tage im Bett bleiben. Wir werden warten müssen, bis es ihm wieder besser geht, bevor wir unsere Arbeit fortsetzen können. Ein entmutigender Rückschlag, der zu keinem schlechteren Zeitpunkt hätte kommen können. Wir müssen künftig viel vorsichtiger sein, wenn wir mit unseren Forschungen weiterkommen wollen!

29. Oktober 1895

Beobachtung: Auf den Diwan zu springen und Frau Pawlows Spitzen- und Leinendeckchen durcheinanderzubringen scheint ebenfalls ein Verhalten zu sein, das weder Pawlow noch seine Frau motiviert, uns etwas zu fressen zu geben. Tatsache ist, dass so was gemeinerweise die gegenteilige Reaktion hervorruft. Unsere Arbeit nähert sich dem Stillstand, und schlimmer noch, wir kriegen allmählich Hunger.

6. November 1895

Die Experimente, die wir durchgeführt haben, seit Pawlow wieder da ist, sind sehr vielversprechend. Ich glaube, wir begreifen allmählich, wie er funktioniert. Zu Beginn der Woche habe ich beschlossen, etwas Neues auszuprobieren. Ich aktivierte meine Speicheldrüsen, als er läutete. Iwan reagierte sofort. Er rannte aus dem Labor hinaus, brabbelte glücklich vor sich hin und kritzelte hastig etwas in sein Notizbuch. Seither hat er jedes Mal, wenn ich als Antwort auf das Glöckchen gespeichelt habe, hörbare und sichtbare Erregung gezeigt. Er scheint angesichts dieser Entwicklung außer sich vor Freude und gibt uns kurz darauf immer etwas zu fressen. Alexej fragt sich, ob seine Reaktion etwas mit meinem Handeln zu tun habe. Auch ich stelle mir diese Frage. Es hat fast den Anschein, als könnten wir bewirken, dass er uns füttert, indem wir nichts weiter tun, als auf den Klang eines lächerlichen Glöckchens hin Spei-

chel zu produzieren. Ein seltsamer Effekt, aber eine Art Verhalten, das ausgezeichnet mit unserer Arbeitsthese korreliert. Wirklich sehr vielversprechend.

14. November 1895

Heute haben wir Pawlow einen Tag freigegeben. Ich glaube, er war angenehm überrascht. Wir gingen in den Park und wälzten uns im Dreck. Alexej rannte ohne Leine herum. Dr. und Frau Pawlow knuddelten uns, und im Gegenzug leckten wir ihnen gründlich das Gesicht. Es tat gut, die Monotonie der Forschungsarbeiten einmal zu unterbrechen. Morgen geht es wieder an die Arbeit.

26. November 1895

Ein Erfolg – endlich!! Ein enormer Durchbruch bei unserer Forschung! Ich habe den unwiderlegbaren Beweis des bedingten Reflexes beim Menschen erbracht. Jedes Mal wenn Pawlow mit dem Glöckchen klingelt, erwartet er, dass wir speicheln. Wenn wir dem nachkommen, steht er auf und geht in die Küche. Wenn er in die Küche geht, dann bedeutet das, dass er den Dosenöffner bedienen wird. Heute Morgen hat Frau Pawlow in der gleichen Weise reagiert, als Dr. Pawlow weg war – was bedeutet, dass alle Menschen so konditioniert werden können! Wir haben also den Beweis, dass der bloße Akt des Speichelns als Antwort auf den Klang eines Glöckchens einen Menschen dazu bringen kann, den Dosenöffner zu benutzen. Pardon, ich möchte mich nicht brüsten, aber es erfüllt mich mit großem Stolz, wenn ich daran denke, was dies für unsere Spezies bedeutet. Ich hoffe, dass unsere Artgenossen in der Zukunft nutzen können, was wir heute entdeckt haben. Alexej und ich sind hocherfreut und werden heute Abend mit einer großen Portion richtig gutem Fressen feiern.

Spielsachen selbstgemacht

Wieder einmal hat man dich an einem regnerischen Nachmittag allein zu Hause gelassen, ohne dass du irgendetwas zu tun hättest. Und das kommt häufiger vor, als es sollte. Nachdem er am Morgen mit dir Gassi gegangen ist, zieht dein Besitzer seinen Mantel an, krault dich am Kopf und verlässt für viele Stunden das Haus. Alle deine besten Knochen und deine quietschigsten Spielsachen liegen hinter der Heizung, und es wird Stunden dauern, bis er dir wieder über den Bauch streicht. Statt aber auf den Boden zu pinkeln – was auch Spaß machen kann –, solltest du dir Zeit nehmen und all die Gegenstände um dich herum einer gründlichen Betrachtung unterziehen. Du wirst schnell merken, dass dir mit ein wenig Phantasie eine Welt der Vergnügungen zu Füßen liegt.

SPIELSACHEN ZUM KAUEN UND BEISSEN

Als Spielzeug zum Kauen und Beißen dient jeder langlebige Gegenstand, der in dein Maul passt und eine gewisse Zähigkeit an den Tag legt, selbst dann noch, wenn du dich dauerhaft daran zu schaffen gemacht hast. Betrachtet man die verschiedenen Kategorien von Spielsachen, dann ist Spielzeug zum Kauen und Beißen im Überfluss vorhanden – gute Qualität allerdings ist selten zu finden. Für den Fall, dass du die Auswahl hast, nenne ich hier einige der passendsten Gegenstände, die im Haus in der Regel zu finden sind.

Socken

Socken sind bei weitem am leichtesten aufzutreiben. Es handelt sich dabei um einen schlichten, schäbigen Schlauch, den sich dein Herrchen über den Fuß zieht. Nachdem Socken das letzte Kleidungsstück sind, das die Menschen abstreifen, findest du sie nicht selten am Fußende des Bettes. Sie riechen wie dein Herrchen und eignen sich deshalb besonders gut als Spielzeug, wenn du dich einsam fühlst. Pack eine Socke und schüttel deinen Kopf wie verrückt! Wenn dein Herrchen nach Hause kommt und versucht, dir die Socke wegzunehmen, wird aus dem Beißvergnügen ein lustiges Tauziehen.

Sessel

Nicht alle Sessel eignen sich gleichermaßen gut, darauf herumzukauen. Nur die größten und bequemsten Sessel bieten diesbezüglich eine Herausforderung. Knabber hier und dort ein wenig und finde heraus, welcher Teil dein Kaubedürfnis am besten befriedigt. Fang an der zähesten Stelle an. Probier, ob es dir gelingt, den dicken Bezug wegzureißen und zum weichen, klebrigen Polster vorzudringen, und mach dich dann darüber her! Wenn dein Herrchen nach Hause kommt, wird es vermutlich einen Tobsuchtsanfall bekommen. Aber keine Sorge: Sobald er sich beruhigt hat, wird er dir den Sessel überlassen und ihn in deine Ecke oder in den Keller stellen.

Spielzeugfiguren

Angeblich spielen Kinder gerne damit, die meisten erwachsenen Menschen lassen sie jedoch in der Originalverpackung in irgendeinem Regal herumliegen, allem Anschein nach in der Absicht, ihre

Hunde damit zu foppen. Lass dich davon nicht abhalten, eine dieser Packungen aufzureißen, um an den zähen Leckerbissen zu gelangen. Spielzeugfiguren sind allerdings nicht groß, du musst also achtgeben, sie nicht zu verschlucken. Dafür sind sie wirklich zäh wie Leder, wenn du darauf rumbeißt. Sobald du das Ding zwischen den Zähnen hast, wird deinem Herrchen jegliche nostalgische Verbundenheit mit der Figur auf wundersame Weise abhandenkommen.

SPIELSACHEN ZUM ZIEHEN UND REISSEN

Wenn dir eher nach Aerobic zumute ist, dann solltest du dich nach einem solchen Spielzeug umsehen. Diese Gegenstände sind in der Regel länger, und vermutlich wird es dir nicht ganz leichtfallen, sie von ihrem Platz wegzureißen.

Der Schwanz einer Maschine

Finde zunächst eine Maschine. Es handelt sich dabei um jene geräuschvollen Dinger, die dein Herrchen in der Gegend herumschiebt. Sie können schrecklich furchterregend sein, aber wenn niemand da ist, bietet sich dir die perfekte Gelegenheit, zurückzuschlagen. Such das Teil von oben bis unten ab. Siehst du das Schwanzende? Dort stehen zwei runde Stifte heraus. Das ist dein Zielobjekt. Schleich dich vorsichtig heran. Versichere dich, dass es nicht plötzlich angehen kann, dann pack es und zerr es heraus. Zieh, was das Zeug hält.

Duschvorhang

In den meisten Häusern sind diese Teile dort zu finden, wo es auch das beste Trinkwasser gibt. Nimm eine Ecke fest zwischen die Zähne. Dann heißt es nur noch ziehen, ziehen, ziehen! Wenn das Ding nachgibt und du es zu Boden gezwungen hast, kannst du deine Beute in dein Körbchen mitnehmen, um deinem Herrchen zu zeigen, wie stark du bist.

Schubladen

Schubladen sind nur für Fortgeschrittene geeignet und stellen die größte Herausforderung dar, weil es nichts daran gibt, woran man sich gut festbeißen könnte. Wenn es dir dennoch gelungen ist, eine

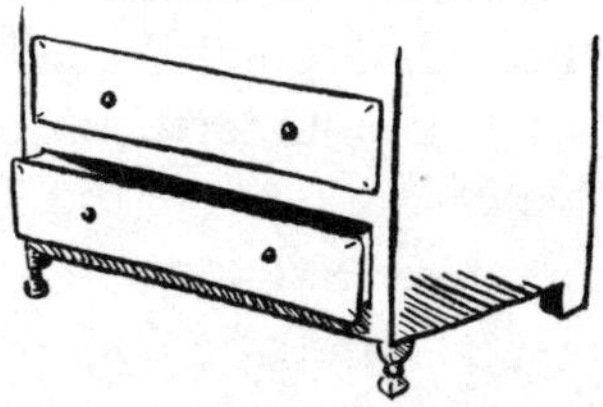

Schublade aus ihrer starren Position zu bewegen, kannst du zur Belohnung ein ganzes Sammelsurium an Spielsachen durchstöbern – vielleicht sogar genug an der Zahl, um daraus ein Bett zu machen! (Siehe auch Seite 249)

SPIELSACHEN ZUM JAGEN UND VERFOLGEN

Hierfür eignet sich jeder Gegenstand, der, sobald er aus seiner ursprünglichen Position gestoßen worden ist, wegrollt und verfolgt werden kann. Einige dieser Gegenstände können zerbrechen, sobald sie am Boden aufkommen, und dich verletzen, wenn du darauf trittst.

Kerzen

Kerzen rollen sehr gut, du brauchst also nichts weiter zu tun, als sie von dort, wo sie stecken, auf den Boden zu stoßen, vorausgesetzt, sie brennen nicht. Sollten sie brennen, rühr sie besser nicht an. Sobald sich die

Kerze auf dem Boden befindet, kannst du sie hin und her schubsen. Besonders viel Spaß macht es, sie die Treppe hinunterschubsen; Kerzen purzeln in vollendeter Manier über die Stufen. Dasselbe funktioniert mit Konservendosen.

Äpfel

Einige Menschen haben Schalen mit Äpfeln in der Küche oder auf einem Tisch stehen. Manchmal bleiben sie auch in der Plastiktüte, in der

sie eingekauft wurden. Ist es dir gelungen, einen Apfel auf den Boden zu bugsieren, stups ihn mit der Schnauze an und jag ihm so lange hinterher, bis er müde oder gelangweilt ist. Wenn du zu den Hunden gehörst, die den Geschmack mögen, kannst du den Apfel hinterher auch fressen und so den Beweis deiner Missetat vernichten.

SPIELSACHEN ZUM VERKRIECHEN UND VERSTECKEN

Die folgenden Gegenstände sind keine Spielsachen im eigentlichen Sinn, eher handelt es sich um Abtauchmöglichkeiten. Es geht darum, ein flaches, geschmeidiges Objekt zu finden und so weit hochzuschieben, dass du darunterkriechen kannst. Voilà – ein behelfsmäßiges Versteck!

Teppich

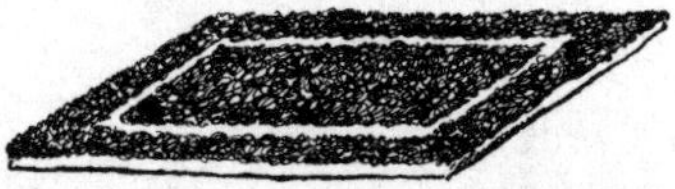

Teppiche liegen in den meisten Häusern und Wohnungen auf dem Boden. Manche sind groß, manche klein, aber alle haben sie Kanten, auf die du dich konzentrieren solltest. Nimm Anlauf und rutsch darauf zu. Wenn du es richtig anstellst, dann sollte sich der Teppich in der Mitte ein wenig aufstülpen. Dort kannst du dich hineinwühlen. Jetzt bist du unsichtbar. Warte, bis jemand vorbeikommt, und erschreck ihn dann zu Tode.

Laken/Bettdecken

Du findest Laken und Decken dort, wo dein Besitzer schläft, es sei denn, er schläft in einem Schlafsack auf dem Sofa. Sie sind nicht ohne weiteres zu bewegen wie etwa Teppiche, deshalb ist es notwendig, heftig daran zu ziehen und zu wühlen. Zerr zunächst an einer Seite des Lakens, wie du dies mit einem Spielzeug tun würdest. Sobald eine schnauzengroße Öffnung zwischen Laken oder Decke und Bett entstan-

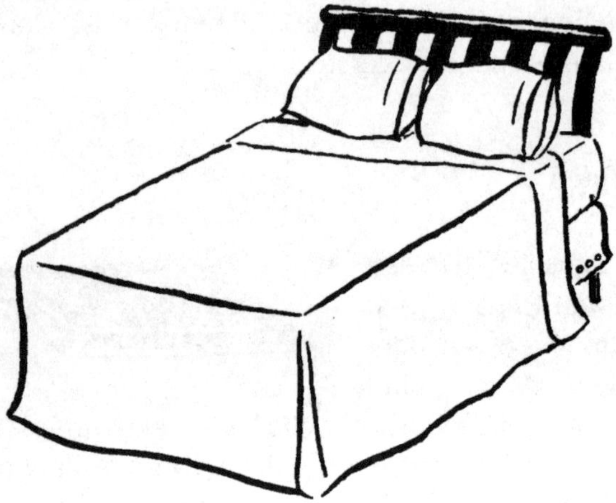

den ist, schiebst du deine Schnauze hinein. Hat dein ganzer Kopf Platz gefunden, hast du es fast schon geschafft. Kriech zwischen Bett und Decke, bis du komplett bedeckt bist, und dreh dich dann um. Auf diese Weise kannst du alles riechen, was vorbeikommt, und dabei so tun, als wärst du ein Mensch. Ein Vergnügen, das stundenlang anhält.

Wie man seinen Platz innerhalb des Rudels findet

Wie die meisten von uns lebst du vermutlich in einem sehr kleinen Rudel, bestehend aus dir und deinem Herrchen. Wenn dein Herrchen auf einem schmalen Streifen des Bettes schläft, während du dich am Löwenanteil der Matratze erfreust, oder wenn dein Napf mehr kostet als seine Hose, dann bist du in dieser Beziehung definitiv das Alphatier.

Die Verhältnisse zu Hause zu bestimmen ist also eine ziemlich einfache Angelegenheit. Dagegen kann es mit einigem Unbehagen verbunden sein, zu klären, wo innerhalb eines Rudels du im Park oder im Hundezwinger stehst.

Alpharüde

Alphahündin

Größere Hunderudel haben eine sehr komplexe Hierarchie und eine strenge Rangordnung. Sie werden von einem total coolen Alpharüden angeführt, der wiederum eine absolut heiße Alphahündin neben sich hat. Er ist in der Regel ein Ass beim Frisbeespielen, trägt ein Halstuch und besitzt einen eigenen Beiwagen am Motorrad seines Herrchens. Sie ist meistens ziemlich listig, hat ein wehendes Fell und riecht gut. Zu diesen Hunden gehörst du nicht. Diese Hunde können nicht lesen, denn Hunde, die so cool sind, haben das nicht nötig. Ihres Äußeren wegen spazieren sie leicht durchs Leben.

Wenn du es gewohnt bist, zu Hause das Alphatier zu sein, dann fällt der Wechsel auf eine niedrigere Sprosse der Leiter in einem größeren sozialen Umfeld natürlich schwer. Wie also findest du heraus, wo du hingehörst, und was kannst du erwarten, wenn du dort angekommen bist?

Alpharüden bestimmen deine Position mittels einer rigorosen und manchmal strapaziösen Methode und weisen dir schließlich eine von zwei möglichen Positionen zu. Entweder bekommst du ein Betaplätzchen gleich hinter dem Alpha, oder du bist ein Omega und gehörst zu den Typen, die sich immer ganz hinten anstellen müssen.

Erster Punkt der Tagesordnung lautet: Sieh dich um. Es gibt an jedem Ort alle möglichen Arten von Rudeln. Du musst deine Optionen ausloten und entscheiden, welches für dich das Richtige ist. Wenn du dich gerne sportlich hervortust, dann schließ dich nicht gerade einer Gruppe an, die am liebsten in Ameisenhaufen wühlt und von oben bis unten mit Ameisen bedeckt ist, sondern finde lieber eine Gruppe, die weiß, was man mit einem Tennisball anfängt.

Sobald du dich für ein Rudel entschieden hast, solltest du das Alphatier wissen lassen, dass du daran interessiert bist, dich anzuschließen. Es ist wichtig, Enthusiasmus zu zeigen, versehen mit einem Schuss Unterwürfigkeit. Wenn er deinen Anblick mag, bekommst du eine Einladung zu einem tollen Event in seinem Territorium, wozu vermutlich verbotene Häppchen, supergutes Wasser und ein paar klasse Hündinnen gehören. Der Alpharüde wird die Gelegenheit dazu nutzen, dich noch etwas gründlicher auszuschnüffeln.

Nach der Party bekommst du entweder die Möglichkeit, den nächsten Schritt zu gehen, oder aber du wirst ganz unverblümt abgewiesen. Das kann niederschmetternd sein, liegt aber selten am Hund selbst und kann bereits passieren, wenn du etwa ein unkontrollierbar schlabberiges Sabbern entwickelt hast oder an einer unansehnlichen Krankheit leidest, die das Auftragen einer Salbe und eine Halskrause als Leckschutz notwendig machten Auch dein Herrchen kann deine Chancen unabsichtlich unterlaufen, indem er dich in eine handgestrickte Weste steckt, deinen Namen und deine Adresse deutlich sichtbar auf dein Halsband schreibt oder dein Fell auf besonders plumpe oder sogar unmodische Weise stutzt.

Nimm es dir nicht zu Herzen, wenn es nicht klappt. Es gibt immer die Möglichkeit, sich als launischer Einzelgänger eine Nische zu schaffen. Du kannst sogar versuchen, dein eigenes Rudel zu gründen, so wie das die mit Ameisen bedeckten Hunde getan haben.

Wenn du jedoch auserwählt wirst, beginnen die echten Prüfungen und die Mühsal erst. Plötzlich wird der Alpharüde mit jeder Menge seltsamer Befehle oder Aufgaben auf dich zukommen, die nicht selten äußerst anstrengend und erniedrigend sind. Er wird dafür sorgen, dass sein Herrchen den Ball wiederholt in ein dichtes, stacheliges Brombeergestrüpp wirft, und dich auffordern, ihn zu holen. Er wird darauf bestehen, dass du dein Geschäft an einer Stelle verrichtest, wo dein Herrchen mit Sicherheit hineintreten und dich anschließend bestrafen wird. Vielleicht zwingt er dich auch, einen ganzen Tag lang einen köstlichen Hotdog auf dem Rücken zu balancieren, den du weder fressen noch auf den Boden fallen lassen darfst. Diese Prüfungen sind völlig sinnlos, aber irgendwie geben sie dem Alphatier eine Methode an die Pfote, zu eruieren, ob du würdig bist, in sein Rudel aufgenommen zu werden. Am besten denkst du gar nicht lange darüber nach.

Wenn dieser Alptraum vorbei ist, wird der Alpharüde dir deinen Platz im Rudel zuweisen. Je nachdem, wo du landest, gilt es ein paar Regeln zu befolgen.

Wenn dir eine Betaposition zugewiesen wurde, hast du zwar unterwürfig zu sein, es verschafft dir

aber auch ein paar handfeste Vorteile. Der Alpharüde wird das Lob, das dir gebührt, da du das Nest eines Streifenhörnchens gefunden hast, einheimsen. Aber er wird dich auch wissen lassen, wo es ein paar gute Leckerbissen zu holen gibt, und die Betahündinnen, die er verstoßen hat, in deine Richtung schicken. Es steht dir außerdem zu, dir die Frisbeescheibe eines Omegatiers zu schnappen und es herumzukommandieren, wie es dir passt. Am wichtigsten aber ist, dass ein Betaplatz dich darauf vorbereitet, dereinst die Position eines Alphatiers einzunehmen, sobald sich die Chance bietet.

Wenn du auf der Omegaposition gelandet bist, kannst du dein Selbstwertgefühl immer noch daraus ableiten, dass du überhaupt zum Rudel gehörst, aber natürlich wird es dir schmerzlich an Vergünstigungen mangeln. Du kriegst nur den letzten Rest vom Futter, solltest dich darauf einstellen, dass man dich bei einem Wettrennen zur allgemeinen Belustigung zum

Straucheln bringt, und beim Tauziehen wirst du immer als Letzter in ein Team gewählt werden. Am schlimmsten aber ist, dass es dir die Regeln des Rudels verbieten, eine Hündin gleich welchen Ranges klarzumachen. Such Trost in dem Wissen, dass dein Vorhandensein im Rudel wichtig ist. In jeder Organisation muss jemand das Schlusslicht bilden, genauso wie jemand vorangeht. Du hast eine Aufgabe, Kumpel, vergiss das nicht.

Wo auch immer in der Hierarchie du landest, sei dir einer Tatsache stets bewusst: Die Vorherrschaft eines Alphatiers kann von einem ehrgeizigen rauflustigen jungen Emporkömmling jederzeit herausgefordert werden. Träumen ist erlaubt.

Verfolgungsträume

Dein lautes, grimmiges Geheul schallt durch den Wald, während du die geisterhafte Rotte in die Katakomben der Verdammten treibst. Die Dachshundinfanterie stimmt in deine Siegeshymne ein. In diesem großartigen Augenblick hebst du den Salamisäbel und – hey, Moment mal! Plötzlich findest du dich unter dem Küchentisch wieder, inmitten einer Pfütze aus Sabber. Was ist passiert? Und, noch wichtiger, wo ist dein Salamisäbel?

Eine der größten Enttäuschungen überhaupt ist das Aufwachen. Ein Augenblick des größten Triumphs löst sich in nichts auf, wenn du feststellst, dass du statt des mächtigen Geheuls gerade mal ein schwaches »Wuff« von dir gegeben hast, und statt heldenmutig einen Feind anzugreifen, hast du mit deiner Pfote nur sanft über den Küchenboden geschrappt. Du hattest niemals einen Salamisäbel. Du hattest nur einen Traum.

Immer wieder haben wir uns gefragt, warum wir Träume haben. Klar, alles ist ziemlich cool, solange wir träumen, aber hinterher blasen wir den ganzen Tag nur noch Trübsal, schmachten nach dem Pudelharem, den wir im Traum zum Lohn dafür bekommen haben, dass wir die Invasion der Trockenfutter klauenden, zu Landgängern mutierten Karpfen zurückgeschlagen haben.

Man geht davon aus, dass Verfolgungsträume eine Bedeutung haben. Was wir verfolgen und wie die Jagd ausgeht, kann manchmal helfen, unser Leben besser zu verstehen. Manche glauben sogar, dass Verfolgungsträume etwas mit unserer Zukunft zu tun haben.

Hier einige Verfolgungsträume und ihre mutmaßliche Bedeutung.

Traum: Du jagst im Garten hinter einem Kaninchen her, bis es in dein Haus rennt, all dein Futter frisst und zu deinem Besitzer mutiert, der dich nie mehr zu einem Spaziergang mitnimmt.
Bedeutung: Morgen wird es regnen.

Traum: Ein riesiges Eichhörnchen, als Banane verkleidet, steht mit einem fünf Pfund schweren Porterhousesteak vor deiner Tür, du aber rast an ihm vorbei, um einen Schmetterling zu erhaschen.
Bedeutung: Du fürchtest Verbindlichkeiten.

Traum: Du jagst einen Maulwurf zu seinem Hügel, und irgendwie gelingt es dir, dem Tier in seinen schmalen Tunnel hinein zu folgen. Hier entdeckst du eine Spezis von Maulwurfmenschen, die dich mit einer großen Party und einem Festessen begrüßen. Es wird getanzt. Danach frisst du all die Maulwurfmenschen.

Bedeutung: Du warst im Park etwas zu grob. Mäßige dich.

Traum: Du rennst an Eisenbahngleisen entlang und verfolgst eine entlaufene Schweinelende. Plötzlich nähert sich dir ein Hochgeschwindigkeitszug. Der Zug besteht vollständig aus breiig gekochten Dosenerbsen, die du verabscheust. Du springst auf den Zug auf, nur um festzustellen, dass du dich vor der nächsten Haltestelle durchfuttern musst – die auch die letzte ist.
Bedeutung: Deine Mutter hat dich zu früh abgestillt.

Traum: Du hetzt deinen Tierarzt durch den Verkehr und fährst dann per Anhalter zu einem Jahrmarkt, wo du eine Eintrittskarte und ein Gyros geschenkt bekommst.
Bedeutung: Die Belohnung, die dein Herrchen dir gegeben hat, war eine Bestechung.

Traum: Ein fetter kleiner Specht fliegt auf ein prachtvolles Schloss zu und durch die Hundetür hinein. Plötzlich befindest du dich in der Hundeschule. Der Lehrer beginnt gerade mit einer Prüfung. »Sitz«, sagt er, aber du weißt nicht, was das bedeutet, weil du so oft gefehlt hast. Du siehst an dir hinunter und bist vollständig rasiert.
Bedeutung: Das Leben bereitet dir unzumutbaren Stress. Vielleicht ist es auch die Katze.

Traum: Der Spatz, den du verfolgst, fliegt über den Rand einer Klippe hinaus, was du erst bemerkst, als es schon zu spät ist. Aber es ist gar nicht zu spät – denn auch du fliegst. Du bist zu einem Ballontier geworden.
Bedeutung: Du hast große Verlustängste, zum Beispiel, dass man dir die Eier abnehmen könnte.

Traum: Du gewinnst eine Goldmedaille im Einradfahren. Aber gerade als sie dir überreicht wird, schnappt dein Erzrivale, ein junger Bär mit einem Partyhütchen, sie dir weg. Du startest eine Verfolgungsjagd in ein Zirkuszelt, wo du augenblicklich als rumänischer Trapezkünstler in Dienst genommen wirst.
Bedeutung: Morgen ist wieder Grillabend – o Mann!

Halte deine Verfolgungsträume in einem Tagebuch fest. So wird es dir später leichter fallen, sie dir noch einmal ins Gedächtnis zu rufen oder sie zu deuten. Schreib gleich nach dem Aufwachen alles nieder, woran du dich erinnerst. Vielleicht erfährst du ja etwas Neues über dich!

Gute Nacht allerseits und süße Verfolgungsträume!

Waschbärenhetze

Waschbären betreiben ein kriminelles Unternehmen, das den Unrat der ganzen Welt erbeutet. Sie sind unfähig, für sich selbst zu sorgen, und haben sich komplett aufs Plündern oder Stehlen verlegt, um sich über Wasser zu halten. Um ihnen ihre ruchlosen Absichten nachzuweisen, braucht man nichts weiter zu tun, als in ihre permanent maskierte Fratze und auf die gierigen kleinen Pfoten zu schauen. In einer gerechten und anständigen Gesellschaft gibt es für sie keinen Platz. Waschbären gehören auf Bäume, wo wir sie im Auge behalten können.

Unser Artgenosse McGruff, Kriminalitätsbeauftragter, setzt sich sehr dafür ein, das Bewusstsein für diverse Untaten zu schärfen. Handpuppen, Flugblätter und Plakate, die das Konterfei des aufmerksamen Hundes zeigen, vermitteln eine starke Botschaft. Sein Motto »Mit Biss gegen das Verbrechen« ist eine Handlungsaufforderung an alle Hunde. Wir alle müssen wachsam sein und bereit, gegen die Übeltäter vorzugehen. Eine Aufgabe, die Spaß machen und das Leben bereichern kann.

In der Kampagne gegen Waschbären waren wir Hunde dem Menschen wichtige Verbündete. Früher fiel der Job meist denjenigen zu, die auf dem Land lebten, denn Waschbären operierten fast ausschließlich dort. Nicht selten waren große Trupps von Landhunden stellvertretend so lange in Aktion, bis die zuständigen menschlichen Experten zur Stelle waren, und jagten und bekämpften die Übeltäter mittels einer Methode, die man auch »Baumhetze« nennt.

Leider blieb es nicht bei der Landplage. Waschbären drangen überallhin vor. Ihre Vereinigung wurde immer größer, und sie begannen, erfolgreich auch in Städten zu operieren, wo sie sich zusammenschlossen und ausgeklügelte Verbrechersyndikate bildeten. Wenn du also ein Stadthund bist, dann schließ dich bitte dem Kampf gegen diese Plage an.

Mit Hilfe von Spitzeln und Schmiergeldern können heutzutage ganze Waschbärenfamilien unbehelligt durch die Straßen streunen, sieht man mal von dem einen oder anderen Auto ab, das noch für gerechte Strafe sorgt. Man kann sie hören, wie sie völlig furchtlos miteinander schnattern, während sie zum nächsten Beutezug ausrücken.

Als Stadthund hast du eigentlich nur dann eine Chance, einen Waschbären zu Gesicht zu bekommen, wenn du nachts unterwegs bist. Du solltest in Zukunft äußerst wachsam sein. Waschbären nutzen den Schutz der Dunkelheit, um nicht entdeckt zu werden, und operieren nur selten bei Tageslicht. Bei einem nächtlichen Spaziergang musst du jede Hofeinfahrt inspizieren und deine Ohren einsetzen, um Geräusche zu erlauschen, die auf ein gerade began-

genes Verbrechen schließen lassen könnten. Hofeinfahrten sind beliebte Angriffsziele, denn dort stehen Mülltonnen in allen Formen und Größen herum.

Waschbären sind geschickte Missetäter, aber sie sind zugleich dreist. Ihre Arroganz kann man sich zunutze machen. Horch genau hin: Nicht selten begeht ein jüngeres Bandenmitglied beim Versuch, einen ranghöheren Anführer der Organisation zu beeindrucken, einen Fehler, der alle auffliegen lässt.

Das ist deine Chance! Fang sofort zu bellen an. Die Täter werden so schnell wie möglich arbeiten; du hast nur wenig Zeit, sie zu erwischen, bevor sie Reißaus nehmen. Zu diesem Zeitpunkt wird dein Besitzer entscheiden, ob er dich ableint oder nicht. Wenn er zu dem Schluss kommt, dass die Situation kein weiteres Handeln erfordert, lässt er dich möglicherweise noch eine Weile bellen, was die Waschbären wahrscheinlich vertreibt. Wenn er dich jedoch ableint, dann fetz los. Gib alles und ras hinter den Waschbären her. Sei dir aber dabei bewusst, dass Waschbären schneller sind, als sie aussehen, und unglaublich gut im Täuschen sind.

Die oberste Regel bei der Verfolgung eines Waschbären lautet: Behalt ihn immer im Auge. Lass dich von nichts ablenken. Ein Geschöpf, das von der Bildfläche verschwinden möchte, setzt wahrscheinlich alle möglichen Tricks ein, auf die du nicht hereinfallen solltest.

Treib ihn direkt zum nächsten Baum, vorzugsweise zu einem einzeln stehenden. Denn wenn er mehrere Optionen hat, wird er das ausnützen. Oben auf dem Baum aber ist er gefangen.

Sobald du dein Opfer auf den Baum gehetzt hast, bellst du weiter, was das Zeug hält. Dein Herrchen wird den notwendigen Anruf bei den Behörden tätigen und dafür sorgen, dass der Übeltäter der Justiz übergeben wird. Und du bist deiner hündischen Pflicht nachgekommen und hast dazu beigetragen, dass die Welt sauberer und sicherer ist.

Wegweisende Darbietungen von Hunden in der Filmgeschichte

Das »Schauspielerblut« fließt in den Adern eines jeden Hundes. Wir sind gänzlich unbefangene Leinwanddarsteller – und gleichermaßen versiert, ein Kind in einem Film zu retten und es im nächsten aufzufressen. Tausende von Hunden haben inzwischen die Leinwand geziert (während andere Hundeschauspieler wie Lassie oder Eddie aus der Serie *Frasier* den regelmäßigen Scheck vorgezogen haben, den das Fernsehen bietet). Folgende zehn Hunde ragten in ihren Rollen besonders heraus. Ihre beeindruckenden Darbietungen werden mit Sicherheit nicht vergessen werden.

Film	Jahr	Rolle	Inhalt
The Wizard of Oz (Der Zauberer von Oz)	1939	Toto	»Toto« war eine der ersten Hauptrollen, die an einen Hund vergeben wurden. Terry, ein wahres Wunderkind, spielte den Part mit einer seltenen Mischung aus Anmut und Stärke. Die Terrier-Hündin ging so in ihrer Rolle auf, dass sie sogar noch weiterspielte, als sie sich beim

Film	Jahr	Rolle	Inhalt
			Drehen den Fuß gebrochen hatte. Viele halten Terry für den Stanislawski unter den Hundeschauspielern, weil sie als Erste die »hündische Methode« anwendete; manche gingen sogar so weit, sie auch nach dem Dreh noch Toto zu nennen.
Old Yeller (Mein Freund Jello)	1957	Old Yeller	Mit seiner emotional aufgeladenen, aber sehr nuancenreichen Darstellung des Old Yeller überzeugte Spike die Studios in Hollywood davon, dass ein Hund nicht nur eine Hauptrolle übernehmen, sondern einen ganzen Film tragen kann. Obwohl *Old Yeller* ein heroisches Licht auf uns Hunde wirft, hat der Streifen die Filmhistoriker wegen seines höchst kontroversen Schlusses entzweit.
Benji (Benji – Auf heißer Fährte)	1974	Benji	Higgins, der die Titelrolle in *Benji* spielte, lieferte nicht nur eine erinnerungswürdige Darbietung auf der Leinwand ab, sondern setzte auch im wahren Leben einen Meilenstein. Der Hund, den man aus dem Tierheim geholt hatte, machte in Hollywood eine steile Karriere. Nach seinem ersten Fernsehauftritt in dem Film *Petticoat* schaffte

Film	Jahr	Rolle	Inhalt
			Higgins binnen weniger Jahre den Sprung ins Kino. Damit bewies er den Hunden der ganzen Welt, dass jeder das Potenzial hat, ein Star zu werden, wie bescheiden die Anfänge auch sein mögen.
Mad Max	1979	Hund	Obwohl die Rolle, gespielt von einem australischen Treibhund, eher klein war, öffnete dieser Film Tür und Tor für Hunde in Actionfilmen. Außerdem bestätigte dieser Hund unseren Ruf als perfekte Leinwandprofis, weil er in der Lage war, die Eskapaden eines temperamentvollen Co-Stars zu tolerieren.
Omen III – The Final Conflict (Barbaras Baby – Omen III)	1981	Beagle-Meute	Obwohl die ganze *Omen*-Serie einige herausragende Hundedarstellungen bot, war dieser weithin unterschätzte Film bemerkenswert wegen seiner absolut reizenden Beagle-Welpen, die einen Menschen gleichwohl in Stücke reißen konnten. Bis zu diesem Film wurden manche Rassen immer in bestimmte Rollen gedrängt, je nachdem, wie niedlich oder rauflustig sie waren. *Omen III* bewies, dass »süß« auch »tödlich« heißen kann. Keine Frage:

Film	Jahr	Rolle	Inhalt
Cujo	1983	Cujo	Die fünf Bernhardiner, die gemeinsam die Rolle des Cujo spielten, waren die De Niros unter den Hundemimen. Als einflussreiches Werk hat *Cujo* die Welt auf unsere emotionale Bandbreite als Filmstars aufmerksam gemacht. Furchterregend, grausam und dennoch unbestreitbar sympathisch – das Schauspielerquintett schuf einen Charakter, der auf Hunde wie Menschen großen Eindruck machte.
Turner & Hooch (Scott & Huutsch)	1989	Hooch	1989 war das Jahr der Filme, in denen Polizist und Hund die großen Kameraden mimten, und zwar aufgrund dieses Films und des oft gesehenen Meisterstücks *K-9* mit Jim Belushi und dem Deutschen Schäferhund Koton. Aber der Kumpel, der in *Scott & Huutsch* von Anfänger-Hund Beasley dargestellt wird, sprengte den Comedy-Rahmen. Mit vielem sich ergießenden Sabber und Jerry-Lewis-Komik bot der Französische Mastiff dem Publikum genau so viele Lacher, dass er den Film – und Tom Hanks' Karriere – retten konnte.

Film	Jahr	Rolle	Inhalt
Beethoven (Ein Hund namens Beethoven)	1992	Beethoven	Aus Sorge, mit ihren Schauspieleridolen verglichen zu werden, zögerten die meisten Bernhardiner nach *Cujo,* eine Rolle zu übernehmen. Außerdem hatten viele Hollywood-Bosse das Gefühl, die Rasse würde nicht mehr genug einspielen. Mit diesem Vorurteil räumte Chris, der Beethoven-Darsteller, jedoch unerschrocken auf. Und so verhalf er den Bernhardinern wieder zu brauchbaren Rollenangeboten und erfüllte zudem alle Hundeschauspieler mit Stolz.
Shakespeare in Love	1998	Crab	Ein Hoch auf die Drehbuchschreiber Tom Stoppard und Marc Norman, die die Bedeutung von Hundeschauspielern würdigten, indem sie ihren Protagonisten Henslowe über das Publikum sagen lassen: »Liebe und ein bisschen was mit einem Hund, das ist, was sie mögen.« Der kurze Auftritt des Hundes, der in einer Aufführung für die Queen (Judi Dench) die Rolle des Crab spielt, hat nicht nur diesen ansonsten schrecklich langweiligen, extrem lächerlichen Film gerettet, sondern auch dafür gesorgt, dass er den »Best Picture Academy Award« gewann.

Film	Jahr	Rolle	Inhalt
The Hulk (Hulk)	2003	durch Gammastrahlen verseuchte, mutierte Hunde	Das 21. Jahrhundert brachte dem Film eine Explosion an Computer-Generated-Imagery-Effekten. Viele Hundeschauspieler fürchteten, dass digitale Bilder sie altmodisch wirken lassen könnten, vor allem nachdem sie die Zeichentrickserie *Scooby-Doo* gesehen hatten. Aber die drei Hunde in *The Hulk* gaben nicht auf und stellten sich stattdessen der neuen Technologie. Sie arbeiteten mit den Menschen von Industrial Light & Magic zusammen und fanden erfolgreich zu einem Kompromiss, der sie ihre CGI-Darstellung mit einer echten hündischen, ja bestialischen Qualität mischen ließ. So begeisterten die Schauspieler das Publikum.

Heldenhafte Wanderungen – Teil drei: Chicago

BEEZER

Als Beezers Herrchen Jason nach der Flexi-Leine griff, dachte der dreijährige Hund aus Chicago, sie würden zu einem ganz normalen Spaziergang aufbrechen. Der Gedanke an sich barg noch keine irgend geartete Ungeheuerlichkeit. Jason sagte, er wolle lediglich zum Supermarkt um die Ecke gehen, um ein paar Chips zu kaufen, und das hätte auch Beezer genügt.

Keiner ahnte auch nur, was für ein gigantischer Marsch vor ihnen lag.

Als sie am Supermarkt ankamen, wurde Beezer an einem Straßenschild festgemacht, das verdächtig nach dem Shar-Pei namens Kaiser roch, der ein Stückchen weiter in der Straße wohnte. Dieses Schild konnte er nun als sein eigenes markieren und Kaiser damit zeigen, wem es wirklich gehörte. Während Jason im Laden herumtrödelte, beschloss Beezer außerdem, den Reifen eines Autos neben dem Schild zu markieren und sein Territorium damit so weit auszudehnen, wie das Auto fahren konnte. Dieser Gedanke amüsierte ihn grenzenlos.

Schließlich kam Jason wieder, band Beezer los, und sie kehrten zurück zu ihrer Wohnung. Auf dem Weg beschloss Beezer, zuerst noch ein bisschen auf seinem alten Teddybären herumzukauen, bevor er ein Schläfchen machen würde. Er war in Gedanken schon ganz bei dem Geschmack des Füllmaterials, als er merkte, dass sie bereits viel länger vor der Haustür standen, als es gewöhnlich dauerte, bis sie geöffnet war. Jason schlug sich auf die Hose, als würde er einen Hund auffordern, auf seinen Schoß zu springen. Aber er ging dabei nicht in die Hocke, und er fluchte.

Beezer kapierte, dass Jason seinen Schlüssel neben dem Telefon auf dem kleinen Tischchen hatte liegen lassen. Für einen kurzen Moment wurde er von Panik erfasst. Was würde aus seinem alten Teddybären werden, wenn er nicht da war, um sich um ihn zu kümmern?

Aber dann beruhigte er sich gleich wieder. Beezer war ein starker Hund, und wenn er im Freien bleiben müsste, nun denn, es gab schlimmere Orte, an denen man festsitzen konnte. Und hing da nicht ein Duft von Fleisch in der Luft?

Jason trat ein paarmal gegen die Tür, drehte sich auf dem Absatz um und lief los in Richtung Park. Plötzlich schien der Tag um einiges interessanter zu werden.

Jason war sauer und ließ Beezer drei Häuserblocks weit an nichts schnüffeln. Einen Block vom Park entfernt traf er auf eine Frau, die er offenbar kannte, und blieb stehen. Beezers erster Impuls war, an der Leine zu zerren, um schneller zum Park zu gelangen. Genervt davon, auf einen kleinen Radius beschränkt zu sein, nutzte er die Gelegenheit, noch einen Busch und einen Zaun zu markieren. Und dann schlug er plötzlich ein: der sinnesbetäubende, atemberaubende Duft von sauren Gurken, Ketchup und Fleisch. Beezer sah sich um und entdeckte einen halben Hotdog auf dem Boden.

Normalerweise wurden ihm derlei kulinarische Köstlichkeiten verwehrt, heute aber war das Glück auf seiner Seite. Während Jason mit dem Versuch beschäftigt war, die Frau anzubaggern, packte Beezer den Hotdog und schlang ihn in zwei Bissen hinunter.

Es war der beste Hotdog, den er jemals gegessen hatte. Selbst wenn sie jetzt gleich umkehren würden, käme dieser Spaziergang ganz sicher auf die Liste der besten zehn.

Aber sie kehrten nicht um. Die Frau ging ihres Wegs, und Jason marschierte in Richtung Park weiter. Allerdings wirkte er jetzt wesentlich entspannter. Es war ihm gleichgültig, dass Beezer hier herumschnüffelte und dort sein Terrain markierte. Am Eingang des

Parks sprach eine alte Frau, die sie noch nie gesehen hatten, die beiden an. Beezer war leicht genervt, so kurz vor dem Ziel noch einmal aufgehalten zu werden. Dann aber griff die Frau in eine Tasche, die sie bei sich trug, und kramte einen Leckerbissen hervor. Ein Leckerli! Von einer fremden Frau! Zugegeben, es war nicht das beste aller Zeiten, aber ein Überraschungsleckerli war ganz bestimmt besser als überhaupt kein Leckerli.

Die Aufnahme all dieser Köstlichkeiten sowie das Markieren hier und dort hatten Beezer einiges an Wasser entzogen, so dass er den ersten Teil des Auslaufs im Park eher ruhig angehen ließ. Seine Energie kehrte augenblicklich zurück, als er tatsächlich Wasser entdeckte! Und Enten am Rand des Wassers! Er fiepte und rannte los, Jason hinter sich herzerrend, und trieb die dummen Tiere bis in die Mitte des Teichs. Dann zelebrierte er die Überlegenheit der Hunde über das Federvieh mit einem langen, befriedigenden Trunk.

Als er genug hatte, fing Jason wieder an zu drängeln, und Beezer kam zu dem Schluss, dass es wohl das Beste wäre, ihm zu folgen, bevor er noch ausgeschimpft würde. Er blieb nur noch ein paarmal stehen, um hier und dort eine Markierung abzugeben (die sich inzwischen auf erstaunliche siebzehn beziffern ließen), und dachte insgeheim an seine Decke und wie schön es wäre, sich darin einzuwickeln. Er war so in Gedanken versunken, dass er beinahe ein Kaninchen übersehen hätte – keine zwei Meter neben dem Weg.

Erst als seine Nase zu kitzeln anfing, merkte er auf und schoss vergnügt auf das Tier zu.

Das Kaninchen löste sich aus seiner lähmenden Angst und rannte um sein Leben. Die Jagd war eröffnet! Beezer war hinter dem Karnickel her, während Jason Beezer nachjagte. Das Kaninchen sprang schließlich in ein Loch, und Beezers Maul schnappte kurz davor zu. Wenn es ein Buch für Kaninchen gäbe, was nicht der Fall ist, dann enthielte es bestimmt ein Kapitel darüber, wie dieses Exemplar gerade noch einmal mit dem Leben davongekommen war. Beezer bellte triumphierend, war glücklicher als je zuvor. Das war der schönste Spaziergang in seinem ganzen Leben.

In diesem Moment hatte Jason Beezer eingeholt und griff nach der Leine. Beezer aber konnte rasch noch den Baum neben dem Loch markieren, um anderen seinen Beinahe-Sieg mitzuteilen. Den letzten Block bis zu der Wohnung von Jasons Freund Tom legten sie ohne Zwischenfälle zurück. Als sie die Wohnung betraten, stellte Beezer fest, dass dort ein junger Hund wohnte, mit dem er nun spielen und dem er die Geschichte von seinem gigantischen Marsch erzählen konnte. Und dieser junge Hund war ich.

Wie man sich aus Wäschestücken ein Körbchen baut

Heutzutage kaufen viele Hundehalter fertige Hundekörbchen, die es in vielerlei Ausstattungen, Farben und Formen gibt. Aber keines dieser Körbchen bietet den Spaß und die persönliche Befriedigung, die der Bau eines Schlafplatzes aus Wäschestücken mit sich bringen kann. Tatsache ist, dass die meisten von uns dreizehn Stunden pro Tag schlafen, wenn nicht länger, und diese Zeit ist einfach zu kostbar, um sie in etwas so Unpersönlichem wie einem gekauften Körbchen zu verdösen. Ein Bett sollte zum Ausdruck bringen, wer du bist.

Es stehen uns inzwischen Hunderte von Baumaterialien zur Verfügung, wenn es darum geht, aus Wäschestücken eine Bettstätte zu bauen. Die meisten bieten deinem Körper eine erstklassige Unterlage, weil sie so geformt werden können, dass sie sich deinen individuellen Maßen anpassen. Sich aber zu entscheiden, welche Materialien man verwenden möchte, kann geradezu erdrückend sein. Die Stabilität des Schlafplatzes variiert stark, je nachdem, welche Art von Bettzeug du verwendest. Wenn du Rückenschmerzen hast oder das Bedürfnis, darauf herumzuspringen, dann sollst du ein möglichst stabiles Bett bauen. Bevor wir uns aber der Konstruktion zuwenden, sollten wir die verschiedenen Materialien miteinander vergleichen.

Wenn du weißt, welches die passende Polsterung für deinen Körper, dein Fell und deine Rasse ist, ist der Bau des Körbchens an sich eine relativ simple Angelegenheit.

Du brauchst:

- Wäschestücke (sauber oder schmutzig)
- eine Tür

Kleidungsstück		**eignet sich am besten für ...**
Bademäntel Handtücher		Hunde aller Rassen; Frottee ist das Universalmaterial allererster Güte, um daraus ein Bett zu machen – es bietet eine perfekte Mischung aus Fülle, Weichheit und Formbarkeit.
Jeans	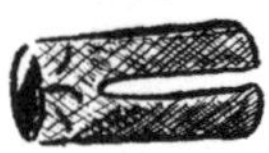	nichts; weil der Stoff so fest ist, gibt es unangenehme Kanten, wenn er knittert.
Flanellhemd		langhaarige Hunde; eine dicke Schicht Fell ist nötig, um einen Ausschlag zu verhindern; Flanell juckt bei direkter Berührung mit der Haut.

Kleidungsstück		eignet sich am besten für ...
T-Shirt		kurzhaarige kleine Hunde; dünnes Jersey-Material, das sich sehr angenehm anfühlt, aber für Hunde, die mehr als zehn Kilo wiegen, nicht ausreichend Polsterung bietet.
Jackett		eigentlich für keinen Hund; nicht besonders komfortabel, aber es hat etwas Magisches an sich, zu wissen, dass man gerade auf einem 1500 Dollar teuren italienischen Anzug ruht.
Sweatshirt		alle Hunde; wunderbares Material, allerdings können die Pfoten in der Kapuze oder den Taschen leicht hängenbleiben, wenn man das Bett nicht sorgfältig baut.
Unter-wäsche/ BHs/ Socken		alle; ein wahres Polsterpotpourri und eine extrem weiche Unterlage, die allerdings auch leicht auseinanderfallen kann. Hunden, die zu Verfolgungsträumen neigen, wird davon abgeraten, da sie die Konstruktion im Schlaf mit ihren Tritten zunichtemachen könnten.

BAUMATERIALIEN BESCHAFFEN

Wenn die Wäsche, die du verwenden willst, sauber und zusammengelegt ist, dann musst du den richtigen Moment abpassen, in dem du dein Lager bauen kannst. Für diesen Moment gibt es ein sehr schmales Zeitfenster. Und zwar dann, wenn dein Herrchen die Wäsche bereits zusammengelegt, aber noch nicht in den Schrank oder die Kleiderkammer geräumt hat. Orte den Wäschestapel und wirf dich dagegen, sodass er umkippt.

Wenn der Turm zum Einsturz gebracht ist, geht es darum, die einzelnen Stücke zu zerwühlen. Beiß dich an einem Teil fest und schüttel es heftig.

Schmutzige Wäsche wird den Vorgang vereinfachen, weil sie ja bereits zerzaust ist. Wenn du das Glück hast, dass dein Herrchen die schmutzige Wäsche einfach auf dem Boden liegen lässt, dann ist es nicht nötig, zuerst einen Wäschesack zu zerreißen oder den Wäschekorb umzustoßen!

DAS KÖRBCHEN BAUEN

Wenn du all die Wäschestücke eingesammelt hast, die du verwenden willst, dann press sie zu einem festen Klumpen zusammen. Leg dafür alle Stücke auf einen lockeren Haufen vor eine Tür, die offen steht. Geh dann auf die andere Seite und drücke mit der Schnauze gegen die Tür, bis es nicht mehr weitergeht.

Nachdem du nun also die Wäsche zu einem festen Würfel gepresst hast, kannst du ihn an den gewünschten Ort bringen und draufspringen. Wenn du richtig vorgegangen bist, dann sollte der Wäscheberg dein Gewicht aushalten und eine deiner Körperform angepasste Mulde bilden.

Nun kannst du dein Plätzchen noch mit persönlichen Effekten wie etwa deinem Lieblingsspielzeug oder einem besonders geschätzten Handtuchfetzen ausgestalten. Und scheu dich nicht, Stauraum für stibitzte Essensreste, den Schmuck deines Herrchens oder das Ladegerät seines Handys zu schaffen.

Das war's! Du bist fertig! Und weil das alles ganz schön anstrengend war, darfst du jetzt das verdiente Schläfchen machen. Wunder dich nicht, wenn du auf diesem Bett, das auf deine Bedürfnisse zugeschnitten ist, so gut schläfst wie nie zuvor. Denn niemand weiß besser als du, welche Art von Schlafplatz du brauchst!

Kurzer historischer Abriss über Hunde in Kriegen der Menschheit

Tag für Tag kämpfen Hunde und verteidigen ihr eigenes Terrain, aber es gab auch Zeiten, in denen Hunde in menschliche Kriege gezogen sind. Manchmal zum Wohle aller. Manchmal auch nicht. Aber immer taten sie es, um ihr Fressen zu bekommen.

Von Anbeginn an und in allen möglichen Kulturen haben Hunde an der Seite des Menschen gekämpft. Es gibt sogar Aufzeichnungen darüber, dass Hunde bei den Ägyptern, den Griechen und den Römern (die sich eine englische Rasse mit dem ehrfurchteinflößenden Namen Britannischer Kriegshund zu eigen machten) zum Einsatz kamen. Attila der Hunnenkönig, einer der furchterregendsten menschlichen Recken der Geschichte, nahm Hunde mit in den Krieg und machte sich auf diese Weise zweifellos noch furchterregender.

Das Problem war nur, dass zwar der Nutzen von Hunden schon früh erkannt wurde, tapfere Kriegshunde aber selten entsprechend geehrt wurden. Kein Historiker hat sich je die Zeit genommen, sie unter dem Kinn zu kraulen und ihren Anteil an der Geschichte zu erzählen. Das hat sich erst im 21. Jahrhundert geändert. Hier sind, wie wir glauben, drei der beeindruckendsten wahren Geschichten über tapfere Hunde im Krieg.

Die Schützengräben des Ersten Weltkriegs waren für die Soldaten ein düsterer, schmutziger, unwirtlicher Ort. In diese trostlose Umgebung schmuggelte der Amerikaner John Robert Conroy seinen Mischling Stubby. Während Stubby bei ihm war, wurde er von einer deutschen Granate verwundet. Er kam ins Lazarett und wurde dort versorgt. Allein Stubbys Anwesenheit und seine heitere Art munterten die anderen verwundeten Soldaten auf.

Stubby

Kaum war er an die Front zurückgekehrt, wurde Stubby selbst Opfer einer Giftgasattacke, aber er war zu stark, um aufzugeben. Ganz im Gegenteil, er lernte, die Soldaten rechtzeitig vor Giftgasangriffen zu warnen. Außerdem nutzte er seine Nase, um verwundete Soldaten ausfindig zu machen, die dann in Sicherheit gebracht werden konnten. Sein gutes Gehör ließ ihn das Herannahen einer Artilleriegranate früher wahrnehmen, und er mahnte die Soldaten dazu, in Deckung zu gehen. Als wäre das alles an Tapferkeit nicht schon genug, half er auch noch, einen Spion zu stellen. Wie viele Menschen können das von sich behaupten?

Für seine Leistungen wurde er zum Sergeant befördert, was den Vorschriften entsprach. Sergeant Stubby hätte Soldaten eines niedrigeren Ranges Befehle erteilen können, wenn sie ihn denn verstanden hätten. Er erhielt mehrere Auszeichnungen, darunter das »Purple Heart«, das »Yankee Division YD Patch« und die »Große Dienstauszeichnung der Französischen Republik«. Nach dem Krieg wurde Stubby nach Amerika zurückgeschmuggelt, wo er mehreren Präsidenten begegnete und die erste »American Legion Convention Medal« errang. Er trug seine Auszeichnungen mit Stolz, wenn er sich in der Öffentlichkeit bewegte, lieber aber rannte er ohne sie herum, denn sie klapperten ihm zu sehr.

Chips

Jeder Hund kann ein Held sein. Als die Achsenmächte (die Bösen) im Zweiten Weltkrieg die Vereinigten Staaten (die Guten) angriffen, reagierte Amerika mit der Bildung einer Hundeabwehr. Menschen im ganzen Land gaben ihre Hunde für den Kriegseinsatz, und diese Hunde traten an, in den Krieg zu ziehen. In Pleasantville, New York, wurde ein Mischling (Schäferhund, Collie, Husky) namens Chips einberufen, um seinem Land zu dienen, aber niemand war sich bewusst, welch hohen Posten Chips in Übersee innehaben würde.

Chips kam um die ganze Welt, diente als Wachhund einer Panzereinheit in Europa und Afrika. Einmal gerieten Chips und seine Einheit in feindliches

Feuer. Die Soldaten banden eine Nachricht an sein Halsband und schickten ihn zum Stützpunkt zurück. So war es ihnen möglich, Unterstützung zu rufen.

Ein andermal wurden Chips und sein Halter bei einem frühmorgendlichen Spaziergang am Strand von Sizilien von maskierten Heckenschützen attackiert. In dem Durcheinander, das entstand, machte sich Chips von seinem Halter los und rannte zu dem Unterstand der Heckenschützen. Man kann sich ausmalen, wie Chips die Soldaten dort angebellt und gebissen haben muss, denn kurz nachdem er eingedrungen war, flohen die Feinde oder ergaben sich. Obwohl Chips Verletzungen erlitten hatte, nahm er seinen Dienst noch am selben Abend wieder auf und warnte seine Einheit vor einem herannahenden italienischen Sturmtrupp, der sodann ohne weiteres überwältigt werden konnte. Er bekam das »Purple Heart« und den »Silver Star« für Tapferkeit und war der am höchsten ausgezeichnete Hund des Zweiten Weltkriegs.

Vietnam war ein schrecklicher Ort, für Menschen und Hunde gleichermaßen. Niemand wusste, wer der Feind war oder wo er war, und das führte zu großer Nervosität. Das heißt nicht, dass Mensch oder Hund deshalb weniger heroisch waren. Viele tapfere Hunde waren darauf abgerichtet, den Feind in irgendwelchen Tunnels zu erschnüffeln. Das war eine finstere und feuchte Angelegenheit, aber sie hat vielen Menschen das Leben gerettet.

Einer dieser Hunde, ein Deutscher Schäferhund namens Bruiser, war von seinem Halter, John Flannelly, zu einer Patrouille durch ein Reisfeld in der Nähe von Da Nang mitgenommen worden. Plötzlich hielt Bruiser inne und gab lautlos zu verstehen, dass ein Feind in der Nähe sei. Flannelly eröffnete das Feuer und war augenblicklich von schwirrenden Geschossen und Explosionen umgeben. Er wurde getroffen und versuchte, Bruiser zur Truppe zurückzuschicken. Aber Bruiser war durch und durch Soldat, und er wusste um die Bedeutung von »semper fidelis«. Unter Beschuss packte er seinen Halter und zog ihn dreihundert Meter weit zu einem Helikopter, der die beiden an einen sicheren Ort flog.

Bruiser

Bruiser besuchte seinen Halter im Lazarett und munterte ihn auf. Er erwartete weder Auszeichnungen noch eine bevorzugte Behandlung. Wie alle mutigen Hunde im Krieg hatte er nur seine Pflicht getan – als Soldat und Hund.

Der richtige Riecher

Riechst du etwas? Na klar. Deine Nase arbeitet permanent und nimmt so viele Gerüche wahr, dass es manchmal schwerfällt, sie alle auseinanderzuhalten. Der Geruch des menschlichen Körpers, vermischt mit frischem Deodorant; Holzkohlenfeuer, gefolgt vom speicheltreibenden Aroma eines gegrillten Steaks; das Gemisch aus Autoabgasen und totem Stinktier – all das kommt geradezu in Wogen auf dich zu. Hunde mit längeren Nasen haben in der Regel den besten Riecher, jede Hunderasse aber ist dem Menschen überlegen.

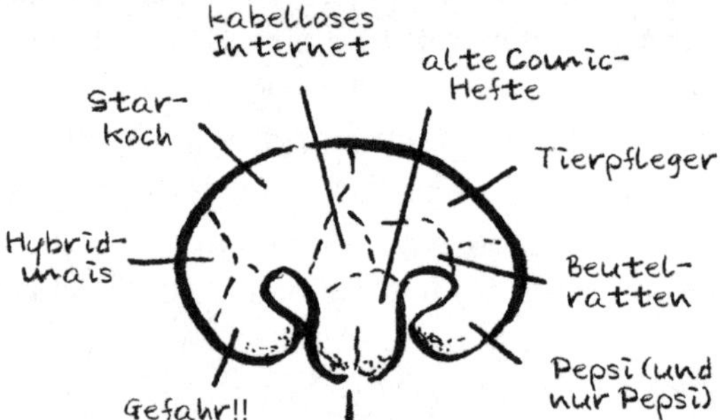

Geruchsrezeptoren deiner Nase

Auch wenn unsere Nase ohnehin schon sehr gut funktioniert, können wir diese wunderbaren olfaktorischen Fähigkeiten noch weiter verfeinern. Bei entsprechender Ausbildung macht sie es möglich, einen einzigen Duftstoff zu isolieren und ihm zu folgen. Diese traditionelle Qualität wird auch Spürsinn genannt und beinhaltet das Auffinden einer Spur sowie das Verfolgen derselben so lange, bis du den Verursacher der Spur gefunden hast.

Alle Hunde können eine Spur einigermaßen erfolgreich verfolgen, aber einige Rassen sind von Natur aus besser als andere, die dann eben härter arbeiten müssen, um die Kunst gänzlich zu beherrschen. Es erfordert Disziplin, Mühe und vielleicht auch eine erweiterte Übungseinheit mit einem Meister.

Die beeindruckende Gabe des Aufspürens zu perfektionieren beginnt damit, dem verfolgten Objekt Respekt entgegenzubringen. Und wie immer macht Übung den Meister. Übung, Übung, vielleicht ein paar Stunden ausruhen, etwas fressen, und noch einmal Übung. Wenn du keine hinreichenden Möglichkeiten hast, hinauszugehen und zu üben – kein Problem. Es gibt nämlich Methoden, auch im Haus zu trainieren. Wenn du dann eines Tages ins Freie darfst und an die Reihe kommst, bist du vorbereitet.

Für den Anfang ist die nicht mehr auffindbare Fernbedienung ein nettes, einfaches Objekt. Sie ist nicht in der Lage, sich aus eigener Kraft zu bewegen, trotzdem ist sie viel in Bewegung. Dein Herrchen wird erstaunt und dankbar sein, wenn du ihm das Teil aufspürst.

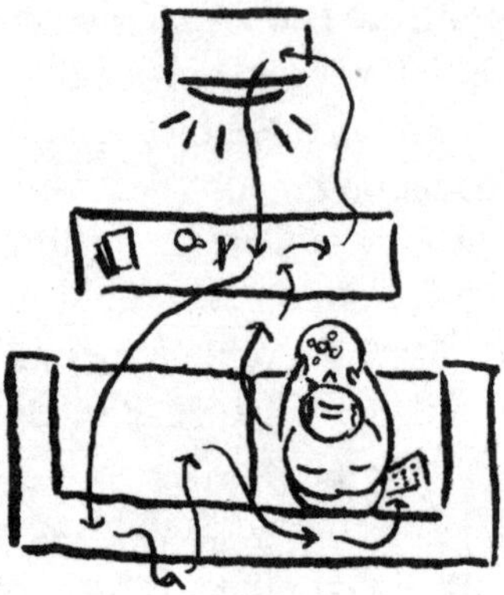

Die Techniken des Aufspürens sind keineswegs unfehlbar, und Düfte können sich verflüchtigen. Während des Aufspürens musst du dich ununterbrochen und zu hundert Prozent auf den Geruch konzentrieren. Erfolg geht einher mit Fehlschlägen, Gegenspieler werden deine Leistung steigern. Das Wichtigste aber ist: Gib dich nie geschlagen.

Es wird Situationen geben, in denen dir das verfolgte Objekt entkommt, weil es einfach geschickter ist. Füchse sind besonders gewieft. Diese Spezies ist seit jeher mit den geheimen Methoden des Verschwindens vertraut. Scheinen sie eben noch in Reichweite zu sein, sind sie im nächsten Moment verschwunden und haben sich ganz offensichtlich in Luft aufgelöst. Dir bleibt nur, dich am Kopf zu kratzen und darüber zu brüten, wie sie das angestellt haben. Dein Gegenspieler hinterlässt auch gerne falsche Spuren und verführt zu trügerischen Illusionen, hinter denen er seine wahren Absichten verbirgt. Wenn du an einer organisierten Jagd teilnimmst, dann überleg kurz, was schiefgelaufen ist, während sich dein Herrchen die Tweed-Jacke zurechtzupft.

Der Nutzen deines Spürsinns bleibt nicht der Jagd vorbehalten, die in der Regel in einer tödlichen Auseinandersetzung mit dem Gegner endet. Er kann auch dem Menschen dienen. Ein verlorenes Kind etwa verdient es, aufgetrieben zu werden. Ein guter Spürhund kann es schneller und effektiver aufspüren als irgendein menschliches Wesen. Oberstes Gebot ist jedoch nicht nur, das Objekt zu finden; es geht auch darum, sich ehrenhaft zu verhalten. Es genügt also nicht, das

Kind nur aufzuspüren; du musst auch dafür sorgen, dass einem anderen nicht das gleiche Schicksal widerfährt.

Auch der längste Weg beginnt mit dem ersten Schritt, heißt es. Um zu Höchstleistungen zu gelangen, musst du dich irgendwann auch einer sehr schwierigen Herausforderung stellen. Diese Übung wird dich aller Wahrscheinlichkeit nach zunächst einmal frustrieren und aufregen. Wenn du sie allerdings bewältigt hast, wirst du auf einzigartige Weise qualifiziert sein: Wer eine Fliege erschnüffelt, der findet jede Fährte, so ausgetrocknet sie auch sein mag.

Was als Geruch beginnt, endet als zarter Duft, und was als breiter Weg beginnt, endet als schmaler Pfad. Deinen Spürsinn einzusetzen ist eine unendliche Reise, die nur dann im Sand verläuft, wenn du aufhörst, deine Nase zu verfeinern.

Mutige Hunde in der Geschichte – Teil drei

Mitte des zwanzigsten Jahrhunderts befanden sich die Amerikaner und die Russen in einem Wettlauf, wer der Erste sein würde, der den Weltraum als das eigene Territorium markieren könnte. Die Menschen beider Länder wollten unbedingt die himmlischen Gefilde erschließen.

Weil sie aber nicht wussten, was sie dort erwarten würde, fürchteten sie sich anfangs sehr, loszufliegen. Und wenn Menschen sich vor etwas fürchten, dann schicken sie gerne ihre Hunde vor. Mutige, furchtlose, wackere Hunde.

BELKA UND STRELKA:
Kosmos-Hunde, die Pionierarbeit leisteten

Belka und Strelka waren nicht die ersten Hunde im Weltraum. Diese Ehre wurde einer jungen Hündin namens Laika zuteil. Laika war sehr mutig und gab ihr Leben für das russische Raumfahrtprogramm.

Das wurde Belka und Strelka nicht abverlangt. Die beiden Hunde hoben am 19. August 1960 mit Sputnik 5 ins All ab. Und sie waren nicht allein. Ihr

Raumschiff glich geradezu einer Arche Noah und beherbergte zusätzlich noch einen grauen Hasen, zwei Ratten aus Moskau, ein paar lästige Fliegen und vierzig Mäuse.

Sie umkreisten die Erde und halfen den Wissenschaftlern, mehr über die Schwerelosigkeit und über Raumanzüge zu erfahren und darüber, was Mäuse im Weltraum so alles reden (hauptsächlich über Fußball und Käse). Die ganze Crew überlebte die Reise, und Belka und Strelka kehrten mit ein paar neuen Tricks (Apportieren in der Schwerelosigkeit, wer kann mithalten?) und einer ganzen Menge verrückter Geschichten zur Erde zurück, die sie auf Partys ihren Freunden erzählten.

Die beiden Straßenhunde aus Moskau wurden in Russland sofort berühmt und landeten in einigen Ländern immerhin auf Briefmarken. Beide hatten ein langes, gesundes Leben, und Strelka bekam sogar Junge. Einer der Welpen wurde Pushinka genannt und von Nikita Chruschtschow als Geschenk an Caroline Kennedy übergeben. Pushinkas Nachfahren sind heute noch am Leben, und keiner ihrer Herrchen versteht, warum gerade ihr Hund immer so sehr an den Wetterbedingungen in Cape Canaveral interessiert ist.

FARLEY –
»Ein kleiner Schritt für einen Hund – ein riesiger Sprung für die Hundeschaft«

Farley hatte immer große Träume. Als die anderen Welpen seines Wurfs Apportieren lernten, war Farley draußen im Schuppen und bastelte an Maschinen und Zündern, um herauszufinden, wie man Knochen in den Himmel hinaufbefördern könnte.

Den ganzen Tag dachte er an nichts anderes als an den Weltraum, und die ganze Nacht über starrte er hinauf zu den Sternen. Andere Hunde machten sich wegen seiner selbstgebauten Rakete und der riesigen Schutzbrille lustig über ihn. Aber Farley kümmerte sich nicht darum, ob er »cool« war. Der kleine Hund von einem Bauernhof in South Bend, Indiana, wusste, dass er für Größeres bestimmt war. An einem warmen Abend im Sommer 1969 fand er heraus, was es war.

Am 21. Juli jenes Jahres sah die ganze Welt zu,

wie Neil Armstrong und Buzz Aldrin als erste Menschen auf dem Mond herumspazierten. Auch Farley saß vor dem Fernseher. Als sein Herrchen und dessen Freunde begeistert applaudierten, jaulte Farley anerkennend auf. Noch nie zuvor war er so stolz auf Amerika gewesen. Selbst als die Gäste sich wieder beruhigt hatten, heulte Farley die Menschen im Fernseher noch an. Sein Herrchen wurde wütend und befahl Farley, endlich die Schnauze zu halten, aber Farley hörte nicht auf. Unseren amerikanischen Helden zu gratulieren war sehr wichtig! Irgendwann riefen die Nachbarn an, aber auch das kümmerte Farley nicht. Er jaulte einfach weiter. Einer der Gäste warf mit einem Schuh nach ihm. Er traf ihn aber nicht, weil er sich – im Gegensatz zu Farley – nicht mit Flugbahnen und Luftwiderstand beschäftigt hatte. Nach ungefähr zwanzig Minuten schaltete sein Herrchen auf einen anderen Sender um. Als Farley immer noch nicht verstummte, stellte sein Herrchen den Apparat ganz ab. Nichts davon konnte Farley beeindrucken. Er wusste, was er gesehen hatte und warum er so jaulte. Der Mensch hatte den Mond betreten, und er wollte die ganze Welt wissen lassen, was sein bester Freund erreicht hatte.

Nachdem Farley hinausgeschickt worden war, jaulte er seine Glückwünsche direkt zu den Menschen auf dem Mond hinauf, zwanzig Minuten lang ohne Unterbrechung, und er hielt erst inne, als der Astronaut Neil Armstrong, der ihn dort oben hören konnte, Farley persönlich für seine Unterstützung dankte und ihn höflich bat, sich zu beherrschen.

Wie man eine Party platzen lässt

Besuch! Wer liebt ihn nicht? Er kommt aus dem Nichts, schenkt uns eine Menge Aufmerksamkeit, streichelt uns, und wenn wir Glück haben, ist er schwer mit Leckerli beladen!

Noch besser ist ein ganzer Haufen Besucher, auch Partygesellschaft genannt. Partys können wirklich sehr erfreulich sein, besonders dann, wenn es sich um eine Grillparty im Garten handelt oder um eine Fernsehparty, bei der ganze Platten mit Schinkenhörnchen zu Boden gestoßen werden, wenn es aus dem Fernseher grölt: »Abseits, Abseits!«

Es gibt allerdings auch Gelegenheiten, bei denen eine Party gar nicht so lustig ist. Und zwar dann, wenn es sich um eine Dinner-Party handelt.

Besucher einer Dinner-Party sind ganz anders als normale Menschen. Man nennt sie Gäste, und sie sind in der Regel von dort, wo dein Herrchen arbeitet. Oder es handelt sich um irgendwelche Idioten aus deiner Straße, die dein Herrchen zu beeindrucken versucht. Diese Gäste haben niemals irgendwelche Leckerbissen bei sich, und sie riechen schrecklich, so als hätten sie in einem furchtbaren Cocktail aus Alkohol und Lavendel gebadet.

Du kannst ahnen, dass eine Dinner-Party angesagt ist, wenn dein Herrchen nervös wird und hektisch zu staubsaugen beginnt. Deine Spielsachen werden weggeräumt. Der Teppich auf dem Sofa verschwindet oder – schlimmer noch – wird gereinigt. Dein Herrchen scheint alles daranzusetzen, um deinen Geruch aus dem Haus – aus *deinem* Haus – zu verbannen, so dass du dir schon wie ein Fremder vorkommst. Und all das wegen irgendwelcher Gäste.

Wem nützen derlei Gäste? Dir bestimmt nicht!

Wenn dein Herrchen also eine Dinner-Party gibt, musst du alles tun, um sie platzen zu lassen.

Zwangsläufig wird dein Herrchen versuchen, dich vor einer dieser schrecklichen Veranstaltungen in ein leeres Zimmer zu sperren, aber es ist wiederum unerlässlich, dass du ihm nicht gestattest, so zu handeln. In ihren »leeren« Zimmern haben Herrchen immer irgendwelchen wichtigen Kram untergebracht – Urkunden oder alte Platten der Beatles. Gib ihnen zu verstehen, dass diese Kostbarkeiten in Gefahr sind, sollte man dich während der Party dort einsperren.

Solltest du deine Bewegungsfreiheit gesichert haben, dann lass es ruhig angehen. Wenn du gleich zu Beginn einen Bowlentopf umstößt, wird man dich in das leere Zimmer verbannen, Kostbarkeiten hin oder her. Das heißt, du musst sehr raffiniert vorgehen.

Misch dich zunächst einmal unter die Menge. Bleib locker und freundlich. All denjenigen, die dunkle Stoffe tragen mit der genialen Eigenschaft, Hundehaare anzuziehen (etwa schwarzer Samt), solltest du deine besondere Aufmerksamkeit widmen.

Als Nächstes richtest du dein Augenmerk auf die weiblichen Gäste. Geh diskret zu der Dame im elegantesten Outfit und leg dich auf den Boden. Dann lass eine faulig stinkende Wolke aufsteigen. Es ist allerdings sehr wichtig, dass der Vorgang geräuschlos vonstattengeht. Wenn du später merkst, dass du noch einen zweiten Furz platzieren kannst, such dieselbe Dame auf, bevor du ihn ziehen lässt. Du erzielst ein besseres Ergebnis, wenn du Beständigkeit zeigst.

Nun such dir einen männlichen Gast, vorzugsweise einen, der eine weiche wollene Anzughose trägt. Nähere dich ihm ganz lässig und versuche zu erreichen, dass er dich streichelt. Wenn er dich ignoriert, dann rammele vorsichtig an seinem Bein. Er wird kichern und dich wegzuschieben versuchen, aber lass dich nicht beirren. Reite weiter und steigere dabei die Intensität. Wenn er dich schließlich mit aller Macht wegstößt und von dannen eilt, ist er längst tief empört.

Nachdem du dich nun also ein paar einzelnen Gästen gewidmet hast, wird es Zeit, deine Aufmerksamkeit auf die Dinner-Party als Ganzes zu richten. Das bedeutet, dass du genau hinschauen musst, wann dein Herrchen gerade einmal in der Küche ist.

Sollte im Haus eine Anrichte stehen, so befinden sich darauf aller Wahrscheinlichkeit nach einige Vorspeisen – in der Regel eine Käseplatte, etwas Brot, vielleicht ein Olivendip. Sobald zumindest ein Gast anwesend ist, stellst du dich auf und leckst systematisch über alles, was da liegt. Sollte es dort zufälligerweise auch ein bisschen »prosciutto« geben, dann schnapp ihn dir. Du wirst an diesem Abend noch einiges an Energie brauchen.

Jetzt ist der Moment für deinen ersten großen Auftritt gekommen. Geh leise in die Mitte des Wohnzimmers, wirf ein Hinterbein in die Luft und unterzieh

deinen Unterleib einer gründlichen Reinigung. Aus irgendwelchen Gründen finden die meisten Gäste gut gesäuberte Genitalien ekelhaft. Das bringt dich deinem Ziel näher, außerdem erledigst du nebenbei auch gleich noch ein bisschen Körperpflege!

Zu diesem Zeitpunkt sollte einer der Gäste anfangen, über Kopfschmerzen zu klagen, und ankündigen, bald zu gehen. Wir wetten, dass es die elegant gekleidete Dame ist. Der Anfang ist gemacht, aber dein Ziel muss lauten, dass keiner dieser schrecklichen Menschen jemals wieder dein Haus betritt.

Während dein Herrchen im Esszimmer mit Suppe und Konversation beschäftigt ist, hast du Gelegenheit, ein wenig in der Küche zu wirken. Der Hauptgang steht zu diesem Zeitpunkt bereits auf dem Küchentisch und wartet darauf, serviert zu werden. Er riecht ganz vorzüglich und schmeckt bestimmt auch so. Mach so wenig Lärm wie möglich, schnapp dir das gute Teil und ras damit hinaus.

Ziel ist jetzt das Schlafzimmer deines Herrchens, wo du in einem Satz auf sein Bett springst. Wie das bei Menschen Gepflogenheit ist, wird dein Herrchen seine Gäste gebeten haben, ihre Garderobe auf seinem Bett abzulegen. Ruinier die Mäntel. Jeden einzelnen.

Spätestens jetzt darfst du davon ausgehen, dass du diese Gäste nie wiedersehen wirst.

Kreatives Pinkeln

In der Vielfalt unserer Pinkelspuren zeigt sich die hündische Kunstfertigkeit. Auf wundervolle Weise wird der Phantasie mittels eines visuellen Mediums wie Urin Ausdruck verliehen, wodurch das Leben selbst des faulsten Hundes eine große Bereicherung erfährt. Solange du mit Herz, Seele und Pisse dabei bist, wirst du große Kunst hervorbringen. Die Wertschätzung der Künste ist genauso wichtig wie das Apportieren oder das Vertreiben von Waschbären. Als vielseitige, kulturelle Wesen unterscheiden wir uns darin deutlich von den Eichhörnchen.

Gerade junge Hunde blicken auf die klassischen Werke der meisterhaften italienischen Spinone oder auf die primitiven Pinkelspuren, die im unteren Bereich der Höhlenwände von Lascaux gefunden wurden, und glauben, sie wären nicht in der Lage, eine vergleichbare visuelle Pracht hervorzubringen, aber das stimmt nicht. Allen kreativen Pinkelspuren liegt dieselbe Technik zugrunde. Sobald du die Grundzüge erlernt hast, kannst du anfangen, deinen eigenen Stil herauszuarbeiten. Zu diesem Zweck folgen hier für den Anfang einige Ideen und Anleitungen.

ANFÄNGER:
Der Schmetterling

Das Design ist schlicht und elegant. Grundvoraussetzung für alle künstlerischen Spuren ist es, kontrolliert mit dem Hinterteil zu wackeln. Diese Form der Körperbeherrschung zu erlernen ist unentbehrlich. Mach dir keine Gedanken, wenn deine ersten Versuche nicht der Abbildung hier entsprechen. Trink einfach Wasser und üb, bis du es kannst!

2

1. Wähle eine Unterlage stofflicher Beschaffenheit. Ein dicker, gediegen weißer Teppichboden eignet sich am besten.
2. Hock dich nieder und lass es laufen. Während du pinkelst, wackel mit deinem Hinterteil eine Acht.
3. Zieh zum Schluss eine gerade Linie in der Mitte der Figur, um so Körper und Hinterleib abzubilden. Die Fühler sollten sich von selbst abzeichnen, wenn die Pisse im Teppich versickert.
4. Tritt ein wenig zurück und betrachte dein Werk. Glückwunsch, du hast gerade zum ersten Mal Kunst produziert!

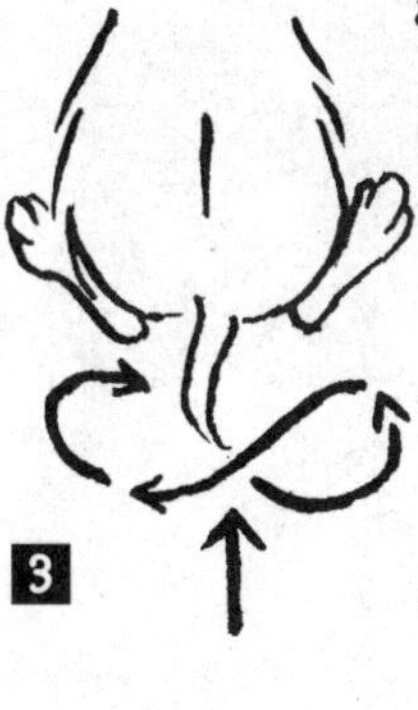

3

4

5

5. Bonus-Schritt: Um deinen Schmetterling wirklich peppig zu gestalten, kannst du noch ein wenig Erde auf die Flügel schmieren. Beginn am Körper und zieh die Linien nach außen.

FORTGESCHRITTENE 1:
Der Weihnachtsbaum

Diese Form erfordert sehr gute Körperbeherrschung, aber sobald du die Technik erlernt hast, wirst du in der Lage sein, ein wunderbares Kunstwerk zu schaffen, das besonders für die Weihnachtszeit geeignet ist.

1. Begib dich ins Freie. Dieses Design kommt nur auf frischem grünem Rasen gut. Das Gras ist sozusagen die Leinwand, auf der du dein Meisterstück kreierst. Sollte Schnee liegen, schaufel ihn zur Seite, iss ihn oder wälz dich darauf herum, bis er geschmolzen ist.
2. Zeichne zunächst den Umriss des Baums, indem du ein Dreieck ins Gras rupfst.
3. Um den Stumpf deines Weihnachtsbaums darzustellen,

2

grab ein Quadrat unterhalb des Grasdreiecks in den Boden.

4. Jetzt gilt es, den Baum zu schmücken. Am unteren Ende beginnend pinkel dünne Linien von einer Seite zur anderen.
5. Du hast jetzt die Lichterkette gemalt, aber vergiss nicht den Stern an der Spitze! Wenn du nicht gerade einer sehr großen Rasse angehörst, nicht etwa eine Dänische Dogge, ein Neufundländer oder ein Irischer Wolfshund bist, dann wirst du jetzt wohl eine Pause benötigen und deine Blase nachfüllen müssen. Gönn dir eine Schüssel Wasser. Sobald du wieder in der Lage bist zu pinkeln, geh zur Spitze des Baums und öffne die Schleusen. Lass es so richtig spritzen, damit der Stern schöne Lichtfunken bekommt.
6. Das Ergebnis zeigt sich dir nicht sofort nach dem krea-

3

4

5

tiven Wasserlassen. Was du zunächst zu sehen bekommst, ist nicht mehr als ein feuchtes Dreieck im Gras und ein erdiger Stumpf. Aber sei geduldig. Nitrogen und Ammoniak in deinem Urin wirken erst nach einigen Stunden. Dann aber heißt es – gib acht, Picasso! Das strahlende Muster auf dem Rasen wird dein Herrchen besonders über die Feiertage mit Sicherheit pflegen.

FORTGESCHRITTENE 2:
Der Pollock

Im November 2006 wurde Jackson Pollocks Gemälde *No. 5, 1948* für 140 Millionen Dollar verkauft. Du bist in deiner Kunstfertigkeit nun so weit fortgeschritten, dass du dich an die Re-Kreation dieses Meisterwerkes an den Wänden deines eigenen Heims heranwagen kannst. Ausgeprägte Balance und extreme Körperbeherrschung sind vonnöten. Obwohl wir weit davon entfernt sind zu behaupten, dass Hündinnen weniger begabt wären, ist es für Rüden geringfügig einfacher, dieses Muster zu zeichnen, weil es in hohem Maß darauf ankommt, für einige Zeit das Bein zu heben.

1. Such dir eine weiße Wand ohne Tapete.
2. Schieb einen Gegenstand, auf dem du stehen

kannst, an die Wand. Diese Plattform sollte dich mindestens um einen halben Meter erhöhen. Ottomanen, umgedrehte Eimer oder ein Fernseher sind gut geeignet.

3

3. Dieses Muster ist deshalb so schwierig, weil einiges an Bewegung erforderlich ist. Du hebst, während du pinkelst, deinen rechten Hinterlauf und beugst und streckst gleichzeitig die drei übrigen Beine. Dadurch ergibt sich im Muster eine gewisse Bewegtheit, ein Fluss.

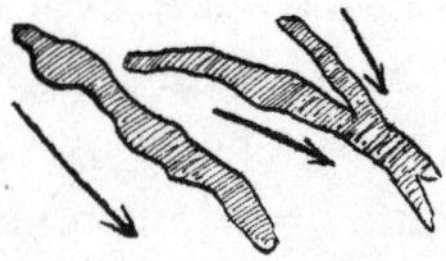
4

4. Während du das Bein noch gehoben hast, zeichne nun diagonale Striche – von oben nach unten. Immer wieder.

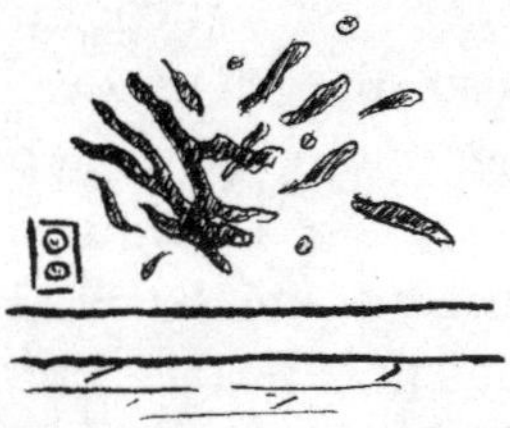
5

5. Die wahre Kunst dieses Musters ergibt sich aus der Komposition. Bedenke die Aufteilung des Raums, Strichrichtungen und Tropfvarianten. Wenn du hart genug arbeitest – wer weiß, wie viele Knochen eines deiner Werke bei einer Auktion einbringt.

Die vergessene Kunst des Entenjagens

Wenn du jemals im Wind den Geruch einer Ente geschnuppert und dabei tief in deinem Inneren eine Regung gespürt hast, so kommt das nicht von ungefähr. Früher, als die Menschen mehr gejagt haben, war ein Hund Gold wert. Nicht nur der hoch geschätzte Retriever suchte das zu Boden gebrachte Federvieh auf und trug es zu seinem Herrchen. Es gibt nichts Schöneres als diese Art der Freude, die du damit deinem Herrchen bereitest – und ein wenig auch dir selbst.

Leider war das Entenjagen noch nie unpopulärer als heute. Wenn sich dir also die Gelegenheit bietet, auf Entenjagd zu gehen, dann nutze sie und erlebe diese alte Tradition. Du bist im Freien, ohne Leine, streunst mit deinem Herrchen in der Gegend herum und genießt die Natur. Zwar fällt es einigen Hunden leichter als anderen, einen erlegten Vogel im Schilf aufzuspüren, doch letztendlich ist jeder Hund dazu in der Lage.

1. AUSRÜSTUNG

Die ideale Ausrüstung

Du brauchst dich selbst und deine Schnauze. Mehr nicht!

2. VORBEREITUNGEN

Ein guter Jagdhund muss darauf eingestellt sein, jeden Augenblick aufzubrechen. Realistisch betrachtet wirst du jedoch nicht jeden Augenblick aufbrechen. Die meisten Menschen gehen nur dann auf Entenjagd, wenn die Blätter von den Bäumen fallen und Enten- und Gänsescharen am Himmel fliegen. Aber selbst diese Anzeichen liefern noch nicht ausreichend Berechtigung dafür, Hoffnung aufkommen zu lassen. Warte, bis du siehst, wie sich dein Herrchen seine feinsten Outdoor-Klamotten und einen langen, hoh-

Eine ausgedehnte Nachtruhe

len Stock zurechtlegt, der ein wenig nach faulen Eiern riecht.

Wenn du all diese Gegenstände entdeckst, dann gönnen dir eine ausgedehnte Nachtruhe, denn die Chancen stehen gut, dass du den nächsten Tag an einem kalten, ungemütlichen Ort verbringen wirst.

Anzeichen für eine bevorstehende Entenjagd

3. DIE JAGD

Geduld spielt eine große Rolle bei der Entenjagd. Obwohl du deinen Beitrag geleistet hast und sofort startbereit warst, wirst du dich noch einige Zeit gedulden

Dein Jagdrevier

müssen, bis sich dein Besitzer, weil er drei Stunden früher als üblich aufgestanden ist, mit verquollenen Augen Kaffee gekocht hat. Sobald er aber angezogen ist und seinen Becher mit Kaffee getrunken hat, kann's losgehen! Zuerst gibt es noch eine Autofahrt, die, ob du es glauben willst oder nicht, nur den aufregenden Anfang darstellt.

Bist du schließlich im vorgesehenen Jagdrevier angekommen, musst du dich darauf einstellen, noch einmal stundenlang still zu sitzen. Das kann eine besonders große Herausforderung sein, vor allem, wenn du dich in tiefster Wildnis befindest und am liebsten mit deinem Herrchen und seinen Freunden herumspielen würdest. Aber die Mühe lohnt sich. Nutz die Zeit, aufmerksam zum Himmel hinaufzusehen und nach Enten Ausschau zu halten.

Um die Enten anzuziehen, wird dein Herrchen eine teure Tröte aus der Tasche ziehen und hineinblasen. Sie klingt überhaupt nicht wie eine Ente, aber bedenke, dass diese Tiere ein Gehirn in der Größe einer Walnuss haben und leicht getäuscht werden können. Nach einiger Zeit wird nun also eine Ente über deinen Kopf hinwegfliegen. In diesem Moment hebt dein Herrchen seinen Stock und richtet ihn auf die Ente. Wenn der Stock bellt, darfst du UNTER KEINEN UMSTÄNDEN losrennen! Das ist sehr wichtig. Mut angesichts lauter Geräusche ist ein weiterer wichtiger Aspekt der Entenjagd. Obwohl sich das Geräusch wie ein Donnerschlag anhört, der einen zu Tode erschrecken kann, handelt es sich dabei um nichts anderes, als dass dein Herrchen einer Ente befiehlt, vom Himmel zu fallen.

Nein *Ja*

Ist eine Ente ungehorsam und fällt nicht vom Himmel, solltest du brav sitzen bleiben und deinen verärgerten Besitzer mitleidig anschauen. Fällt die Ente jedoch vom Himmel, ist deine Chance gekommen, aktiv zu werden. Beobachte genau, wo die Ente herunterfällt. Sobald sie die Hälfte der Strecke zum Boden zurückgelegt hat, nutze deine angeborene Hundetrigonometrie und berechne, wo sie landen wird. Rase sofort in Richtung der Stelle, die du errechnet hast. Mit deiner grandiosen Schnüffelnase spürst du die Ente auf. Pack das Tier vorsichtig im Nacken und bring es deinem Herrchen.

Sollte mehr als eine Ente vom Himmel fallen, sei nicht gierig. Hol eine nach der anderen.

Bleibt nur zu hoffen, dass dein Herrchen bei diesem Ausflug nach einer Ente noch nicht genug hat. Kehr in deine Warteposition zurück und stell dich darauf ein, weitere Beute einzuholen. Am Ende des Tages, wenn du wieder zu Hause bist, kannst du dich in dem Wissen schlafen legen, dass du gute Arbeit geleistet und geholfen hast, den Kühlschrank aufzufüllen, und gleichzeitig einen wundervollen Tag in der Natur verbracht hast.

Du wirst für deine Geduld belohnt.

Einen neuen Menschen erziehen

Kommt ein neuer Mensch ins Haus, so kann das für einen Hund sehr anstrengend werden. Manchmal bringt ein Herrchen einen Freund mit, der die Stelle nicht kennt, an der du am liebsten gekrault wirst. Ein andermal verschwinden deine Besitzer hektisch, um ein paar Tage später mit einem winzigen dritten Menschen zurückzukehren. In jedem Fall bringt ein neuer Mensch zu Hause eine gute Portion Verantwortung mit sich. Man muss ihm beibringen, wann du etwas zu fressen brauchst, wann du Gassi gehen musst, wo deine Spielsachen hingehören und, im Fall der kleinen Menschen, warum man nicht an deinem Schwanz ziehen darf.

Schlussendlich aber ist die Erziehung eines neuen Menschen immer die Mühe wert. Ein gut erzogener Mensch ist ein besserer, liebevollerer Begleiter, der deine Bedürfnisse fast vorhersagen kann. Wenn du zu Beginn nicht die notwendige Zeit investierst, zahlst du später den Preis und musst mit einem Menschen leben, der faul und wenig kooperativ ist. Wenn du dir jetzt die Zeit nimmst, wirst du eine bessere Beziehung und einen glücklicheren Menschen haben.

1. SETZ DICH DURCH

Von Beginn an musst du sicherstellen, dass dein neuer Mensch seinen Platz kennt. Und dafür musst du deine Vorherrschaft demonstrieren. Er muss wissen, dass du hier das Sagen hast. Wenn der neue Mensch zu dir kommt und deinen Kopf tätschelt, dann schau ihm, ohne zu blinzeln, tief in die Augen. Wenn er »Na, mein Guter!« sagt und dir die Ohren krault, dann weißt du, dass du anfangen kannst, ihn zu erziehen.

2. KLÄR DEINE BEDÜRFNISSE AB

Die meisten neuen Menschen verstehen deine routinemäßigen Abläufe nicht intuitiv. Deshalb ist es wichtig, dass du so klar und deutlich wie möglich kommunizierst. Fang mit etwas Einfachem an. Angenommen, du willst hinausgehen. Dann kannst du deinen neuen Menschen anbellen, so viel du willst, versteht er dein Bellen nicht, wirst du nirgendwo hingehen. Viel besser ist es, sich neben die Tür zu stellen und ihn traurig anzusehen. Wenn er an dir vorbeigeht, ohne innezuhalten, dann kratz an der Tür und winsele. Wenn du dann auch noch nach der Leine schnappst und sie ihm entgegenstreckst, dann sollte der Hinweis für die meisten Menschen deutlich genug sein. Versteht dein neuer Mensch immer noch nicht, was du willst, dann stoße etwas Wertvolles vom Tisch. So sendest du eine klare und eindeutige Botschaft aus.

3. GEDULD

Ein neuer Mensch hat den Verstand eines Welpen. Wenn er dich abends aus dem Bett schiebt, nur um dann selbst hineinzusteigen, dann musst du Verständnis aufbringen dafür, dass auch er müde wird und vielleicht nicht ganz logisch denkt. Spring einfach wieder aufs Bett. Lass dich nicht entmutigen, sollte er dich erneut hinunterschieben. Warte, bis er schläft, und kehr an dein Plätzchen zurück. Irgendwann wird er lernen, dass er nur deshalb in deinem Bett schlafen darf, weil du ihn – großzügigerweise – gewähren lässt.

4. VERBRING ZEIT MIT IHM

Der Schlüssel für einen guten Umgang mit dem Menschen liegt in der Vertrautheit. Je vertrauter ein Mensch mit dir ist, desto wahrscheinlicher ist es, dass er deine Befehle akzeptieren wird. Scheu dich nicht, gelegentlich auf ihn zuzulaufen oder ihm zu folgen. Damit förderst du den Gedanken, dass du von nun an eine konstante Größe in seinem Leben bist, die es zu bedenken gilt, und außerdem stellst du auf diese Weise sicher, dass du häufiger gekrault wirst.

5. WIEDERHOLUNG

Nur weil ein Mensch etwas einmal richtig macht, heißt das noch lange nicht, dass dem immer so ist. Manchmal muss man ihm mehrfach zeigen, wie etwas funktioniert, bevor es ihm in Fleisch und Blut übergeht. Wenn er nicht zu wissen scheint, wo die Leckerli sind, stell dich genau dort hin. Schau ihn begeistert an, jedes Mal wenn er auf dich zukommt. Wenn das nicht hilft, dann stell dich auf deine Hinterläufe und leg deine Pfote direkt neben das Gefäß, hechel ein wenig, als hättest du Hunger, um so deine Botschaft zu übermitteln. All diese Hinweise sollten ihm hinlänglich klarmachen, dass du ein Leckerli haben willst. Sobald du das Häppchen hinuntergeschlungen hast, fang wieder von vorne an. Nur so kannst du sicherstellen, dass der Mensch die Lektion lernt.

6. BELL, ABER BEISS NICHT

Oberflächlich betrachtet ist Beißen die effektivste Art, jemandem zu vermitteln, was du willst. Wenn ein Kind an deinem Schwanz zieht oder versucht, auf dir zu reiten wie auf einem Pferd, kannst du es mit einem Biss bestimmt zurechtweisen, langfristig aber wirst du damit alle Pläne zunichtemachen, die da lauteten, dass das Kind eines Tages im Garten mit dir spielen oder einen Ball für dich werfen könnte. Beißen ist die erste Reaktion eines Grobians, vergiss das nicht. Bell lieber ganz laut. Damit vermittelst du dieselbe Botschaft, verzichtest aber auf die anhaltend negative Wirkung. Es gilt: Ein Schreck darf sein, aber keine Narbe.

7. DIE BELOHNUNG NICHT VERGESSEN

Hat er etwas richtig gemacht, dann muss er auch wissen, dass du sein Verhalten anerkennst. Nimmt er dich zum Beispiel auf einen langen Spaziergang mit, dann solltest du ihm zeigen, wie sehr du dies schätzt. Wedel mit dem Schwanz und streck ihm deinen Bauch entgegen. Auf diese Weise ermöglichst du ihm das genussvolle Gefühl, dich kraulen zu dürfen. Dies ist auch von Nutzen für dich, weil ja wie nebenbei dein Bauch gekrault wird. Es gibt keine Kehrseite.

Gib Pfötchen

Für Hunde sind Vorführungen Mittel zum Zweck. Wir sind nicht um der Kunstfertigkeit willen daran interessiert. Wir erbringen die Leistung der Belohnung wegen, die in der Regel in Form eines Leckerlis oder ultraspezieller Aufmerksamkeit vergeben wird. Manche Hunde nehmen als Gegenleistung auch einen ausgiebigen Spaziergang an. Sobald ein bestimmtes Level erreicht ist, liegt es an dem jeweiligen Darsteller, Art und Höhe des Honorars festzulegen. Und die gute Nachricht lautet: Nach oben gibt es keine Grenzen.

Es ist nicht leicht, gleichzeitig Vorführungen zu geben und die eigene Karriere zu managen. Eigentlich müsstest du deine Zeit dafür verwenden, deine Kunststücke zu verfeinern, und nicht dafür, deine Gigs zu vereinbaren. Hundebesitzer können in dieser Hinsicht Türen öffnen wie kein anderer Mensch. Wenn du Glück hast und bei einem klugen Herrchen zu Hause bist, dann wirst du auf den richtigen Weg zu Ruhm und Ehre gebracht, eine Reise, die hoffentlich damit endet, dass dir Steaks zugeworfen werden und du gestreichelt wirst von Bewunderern, deren Hände nach Steak riechen.

Um dies zu erreichen, braucht es harte Arbeit, ein wenig Begabung und viel Glück. Zunächst einmal musst du die Grundlagen erlernen: sitz, gib Pfötchen, bleib.

Sitz — gib Pfötchen — bleib!

Niemand beginnt seine Karriere in der Carnegie Hall. Fang klein an. Gerade dort, wo du bist, ist der richtige Ort. Die Grundlagen sind leicht zu erlernen. *Sitz* und *bleib* sind mehr oder weniger das Gleiche. Diese kleinen Nummern sind vielleicht ein bisschen abgedroschen und banal, aber du wirst sie als Einlage immer wieder brauchen. Sie sind außerdem Voraussetzung für einige ausgereiftere Darbietungen, und ein konservatives Publikum besteht darauf, sie ein ums andere Mal zu sehen. Aber keine Sorge, du kommst noch früh genug zu den Nummern mit mehr Tamtam.

Ehrgeizige Hunde können nun einen Schritt weitergehen und sich mit Vorführungen beschäftigen, die auf dem Boden dargeboten werden:

Platz, Rollen und Totstellen

Diese Nummern können deine Darbietung wirklich aufpeppen. Bodennummern sind zwar keineswegs neu, aber sie stellen eine höhere Kunstfertigkeit unter Beweis als die Grundlagen und werden dementsprechend belohnt. Die Vorführungen am Boden funktionieren immer, egal wo du bist, und bringen dir bestimmt eine ernstzunehmende Portion Bauchkraulen ein. Um so viel wie möglich daraus zu machen, solltest du alle Nummern langsam, mittelschnell und schnell vorführen.

An einem bestimmten Punkt fallen deinem Herrchen keine neuen Darbietungen mehr ein, die du noch vorführen kannst, und deine Karriere kommt vermutlich zum Stillstand. Ohne neue Ideen fängt selbst der talentierteste Darsteller an zu schwächeln. Das ist der perfekte Moment, in dem du zum nächsten Schwierigkeitsgrad fortschreiten und dein Herrchen mit einbeziehen kannst. Die Bauchrednerei ist dafür mehr als geeignet. Sie ähnelt dem alten »Flüstergag«, bei dem du lautlos »sprichst«. Hier aber ist das Ziel, dein Maul so gut wie überhaupt nicht zu bewegen. Diese Technik zu perfektionieren dauert ein wenig. Übe sie vor dem Spiegel – irgendwann hast du den Dreh raus. Vereinbare mit deinem Herrchen einen bestimmten Ablauf. Am besten funktioniert es, wenn du den Part des ehrlichen und anständigen Mannes übernimmst und ihm die pikanten Sätze überlässt.

Keine Vorführung ist perfekt ohne großes Finale. Mathematik ist die vielleicht beste Masche. Du brauchst hierfür allerdings auch ein perfektes Herrchen, das heißt jemanden, der schauspielerisches Talent hat. Du willst ja nicht, dass das Finale misslingt.

Die Nummer beginnt damit, dass dein Besitzer dir eine Rechenaufgabe stellt. Es spielt keine Rolle, was es ist. Überlass ihm die Entscheidung. Wie bei allen Nummern hält er irgendeine Art von Belohnung für dich bereit. Sobald er die Aufgabe gestellt hat, schlägst du mit deiner Pfote langsam und bedächtig auf den Boden, den Blick stets auf die Belohnung gerichtet.

Wenn er die notwendigen Voraussetzungen wirklich mitbringt, wird er jeden Schlag deiner Pfote auf den Boden zählen und dir die Belohnung genau zum richtigen Zeitpunkt zeigen. Das Publikum mit diesem alten Trick vom Hocker zu reißen funktioniert immer noch. Deine Rechenkünste werden dir einen großartigen Auftritt bescheren. Genieße jeden Augenblick.

Legendäre Hunde aus dem Park

Du hast auf den vergangenen Seiten jede Menge über Willensstärke und Heldenmut gelesen. Leider haben nur die wenigsten von uns Gelegenheit, derart begeisternde Triumphe zu feiern. Dein Besitzer geht wahrscheinlich gar nicht so oft raus in die Natur, ganz zu schweigen davon, dass er auf irgendeinem Berggipfel verunglücken würde und du ihn mittels deiner Körperwärme am Leben halten könntest. Und sein kleiner Sohn ist nicht dumm genug, um in eine Schlucht voller Glasscherben und Klapperschlangen zu klettern, aus der er gerettet werden müsste. Ja, wenn man dir häufiger erlauben würde, selber Auto zu fahren, vielleicht könntest du dich dann für ein paar anständige heroische Taten in die arktische Tundra begeben.

Bis es so weit ist, solltest du deine Umgebung hier zu Hause beeindrucken.

Wer von uns hätte sich nicht schon nach einem Bad im Rampenlicht gesehnt? Du vollführst die entscheidende Tat – und die Zeit bleibt stehen. Frisbeescheiben fallen zu Boden, und deine Kumpel starren dich bewundernd an. Ein Augenblick, der dir immer im Gedächtnis haften bleiben wird. Dein Herrchen gafft dich voller Stolz an, na ja, nicht voller Stolz, aber aufmerksam. Wir hegen alle den Wunsch, ein einziges Mal im Park unsere wahre Größe zu zeigen. Lass dich von den folgenden legendären Geschichten inspirieren.

10. MAI 1892, MILWAUKEE, WISCONSIN:

Tor, eine Bulldogge, war ein Einzelgänger. Er hatte keine Lust herumzurennen. Er zog es vielmehr vor, immer an ein und derselben Stelle in der Nähe eines Springbrunnens zu sitzen und auf ein Büschel Unkraut zu starren. Manchmal schnappte er ein bisschen in die Luft, aber meistens starrte er nur. Niemand wusste so recht etwas mit ihm anzufangen. Rollte ein Tennisball in seine Richtung, schnüffelte er daran, schnappte in die Luft und starrte wieder auf das Unkraut. Eines Tages war das Büschel verschwunden, auf das er immer gestarrt hatte. Seither ging das Gerücht um, Tor habe die Fähigkeit, mit den Augen zu mähen. Stolze langhaarige Rassen machten von dem Zeitpunkt an einen großen Bogen um ihn.

7. JUNI 2003, LONG BEACH, KALIFORNIEN:

Ein Zwergspitz namens Santiago hatte ein großes Problem mit der Sprinkleranlage im Park. Wann immer er aus einer Pfütze ganz in deren Nähe trinken wollte, schlug sie um sich. Santiago, der sich nicht gerne foppen ließ, schlug zurück und verbrachte den ganzen Tag damit, zu bellen und nach dem Wasser,

das der Sprinkler von sich gab, zu schnappen. Dieser Kampf zog sich über einen ganzen Monat hin. Der Sprinkler zischte und spritzte, Santiago jaulte und schnappte. An einem Samstag aber legte sich Santiago so richtig ins Zeug, und plötzlich versiegte der Wasserstrahl. Triumphierend stolzierte Santiago zu seinem Herrchen und bekam eine Liebkosung und eine Belohnung. Es gibt Hunde, die den Zusammenhang nicht herstellen wollen und flüsternd behaupten, die Sprinkleranlage sei mit einer Zeitschaltuhr verbunden. Wer aber dabei war, kann beschwören, dass der kleine Santiago an diesem Tag das ganze Wasser aufgetrunken hat.

21. JULI 1998, PORTLAND, OREGON:

Valentino, ein Whippet, der später angeblich Profi im Showgeschäft wurde und tragisch verunglückte (er soll verbrannt sein), lieferte eine umfassende und spektakuläre Vorführung: Erst klaute seinem Herrchen ein Schinkensandwich, dann machte er ein Bocciaspiel zunichte, stieß anschließend einen großen Krug mit Orangensaft um, schnappte sich daraufhin eine Barbiepuppe und warf den abgenagten kopflosen Körper in ein Brombeergebüsch, entzündete ein kleines Feuer, indem er den Grill umkippte, und brachte schließlich eine ganze Mannschaft junger Fußballspieler zum Weinen. Eine solch verwüstende Meisterleistung muss ihm erst noch jemand nachmachen.

4. JULI 2001, NASHVILLE, TENNESSEE:

Ken, ein japanischer Akita, brach alle Rekorde, als er innerhalb einer Stunde zweiunddreißig Hundehäufchen zu sich nahm. Seither wird jedes Jahr am 4. Juli in allen Hundeparks unserer Nation der Hundehäufchenfresswettbewerb durchgeführt. Bis zum heutigen

Tag aber war niemand in der Lage, diese phänomenale Leistung zu toppen.

4. SEPTEMBER 2006, GAITHERSBURG, MARYLAND:

Während sein Herrchen mit einem Frauchen plauderte und somit abgelenkt war, hat Mr. Special, ein Bologneser aus dem Tierheim, angeblich ein Loch bis nach China gegraben, wo er in der abgelegenen Provinz Guizhou erfolgreich seine verhasste Leine versteckte.

Die beste Kraulstellung der Welt

Sie ist steinalt, sie ist zeitlos. Sie hat vielerlei Bezeichnungen. Wir nennen sie Mimi. Wie du dazu sagen willst, bleibt dir überlassen, aber eines ist klar – es handelt sich um die beste Kraulstellung für Hunde.

Sie ist nicht schwer einzunehmen. Jeder beherrscht Mimi. Sobald du sie kennengelernt hast, wirst du dich schon fast darauf freuen, dass es irgendwo juckt. Du brauchst nicht jung und munter zu sein oder gar gelenkig. Du kannst nicht zu pelzig, zu mollig oder zu alt sein, um Mimi noch zu erlernen. Mimi gab es immer und wird es immer geben.

Mimi kann vielerlei bedeuten. Für jeden Hund aber ist es das Ein und Alles. Um sich darauf vorzubereiten, musst du nichts weiter tun, als dich dem Universum zu öffnen. Nur wenn du die Möglichkeit, Mimi zu empfangen, zulässt, wird dir Mimi begegnen. Es ist dafür sehr wichtig, dass du alle Anspannung fahrenlässt. Zum Glück hat ein Hund damit in der Regel keine Probleme.

Werde ruhig. Aller verbliebener Ärger, den du gegenüber einem Pfleger oder einem Besitzer empfindest, wird den Prozess nur behindern und Mimi verzögern. Lebe im Hier und Jetzt. Es zählt nur der Augenblick.

Atme tief und natürlich. Konzentriere dich auf deine Entspannung. Verdräng jegliche Ablenkungen. Bell nicht, wenn es an der Tür klingelt. Bleib ruhig, wenn ein eingebildeter Pekinese an deinem Garten vorbeistolziert. Bleib bei dir. Lass ihn vorbeigehen. All das sind Nebensächlichkeiten, die das ewig währende Mimi nicht beeinträchtigen sollen.

Tu nicht so, als wäre das Jucken nicht da. Es ist da. Akzeptier es. Akzeptier die Tatsache, dass du an die Stelle nicht herankommst und dass es wirklich, wirklich juckt. Aber nicht mehr lange.

Denk daran: Mimi lässt sich nicht erzwingen. Lass Mimi zu. Du wirst Mimi erfahren, ohne etwas tun zu müssen.

Einige Hunde brauchen Jahre, bis sie es gelernt haben, andere Hunde beherrschen es binnen Minuten, aber sobald du das Universum darauf aufmerksam gemacht hast, dass es dich gibt, hast du alles getan, was du tun kannst. Jetzt geht es nur noch darum, zu warten, bis Mimi zu dir kommt. Mimi ist schwer zu beschreiben, aber du erkennst sie sofort, wenn du sie spürst, denn es gibt nichts auf der Welt, was sich so gut anfühlt.

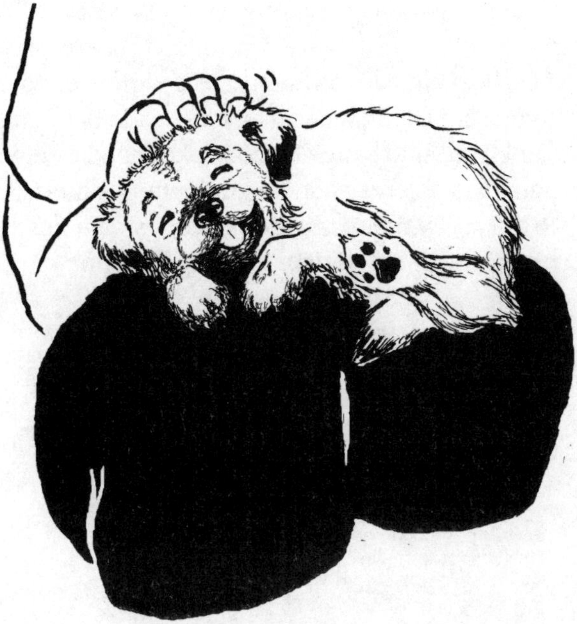

Hundeplaketten

Hey! Du hast ein ganzes Buch gelesen, ohne es zuerst aufzufressen! Damit hast du dir eine coole Belohnung verdient. Hier sind einige Hundeplaketten, die zeigen, was du alles gelernt hast. Sag deinem Besitzer, dass er sie auf www.dangerousbookfordogs.com ausdrucken und sie dir ans Halsband hängen kann.

Verfolgungsjagd

Schwimmen

Schuhfraß

Verkleidung? Nein danke!

Wo ist der Knochen?

Mein Terrain

Peinlich, was ?

Spielsachen selber machen

Waschbärenhetze

Spurensuche

Pinkelspuren

Entenjagd

DANKSAGUNG

Die Co-Autoren von Hasso möchten sich bei folgenden Leuten bedanken: Victoria Skurnick, Daniel Greenberg, Bruce Tracy, Ryan Doherty (alle bei Levine Greenberg und Random House/Villard); Emily Flake, Bob Stein, Rob Pesce und Susan Moldow.

Und jeder Einzelne von uns ist außerdem folgenden Personen zu Dank verpflichtet:

JOE: den Familien Garden, Strange, Garms und Kroll, Jeff und Andrea Perry, Ivan Drucker, den Mitarbeitern von *The Onion* sowie Jesse Thorn und *The Sound of Young America*.

JANET: meiner Mutter, Barbara Ginsburg; Harold Ginsburg, Matthew Ginsburg und überhaupt allen Mitgliedern der Familien Ginsburg und Colman auf der ganzen Welt; Camille Rose Garcia; Dennis Messner; Dana Glassburn; Jennifer Miya, allen Freunden, die mich unterstützt haben; und meinem Vater.

CHRIS: Heather Sabin, Dale und Susan Pauls, Todd und Heather Pauls, der ganzen Familie Pauls/Smith; Matt Fink, Tom und Meghan Hendricks, Chris Briquelet und Familie, Alex Wilson, Blake Engeldorf, Jerard Adler, Ryan Petterson, Jerry Ashworth, Jesse Hughes und allen bei Laser Source, Inc.

ANITA: Mum Maria und Paps David Serwacki, Pupka, Julianne Serwacki, Joan und Bob McDonald, der Familie Camacho, der Familie Rose und Kathy Kobler.

SCOTT: Beryl und Leigh Sherman, Craig Thorn, Tim Kazurinsky, Joyce Sloane, David Miner, Greg Walter, Sam Means, Ed Herbstman sowie Ella, Max, Willy, Maggie und Smash.

DIE CO-AUTOREN

JOE GARDEN ist Kulturredakteur bei *The Onion* und Co-Autor von *Citizen You! Helping Your Government Help Itself*. Er schreibt für die PBS-Zeichentrickserie *Word Girl*. Er lebt derzeit mit seiner Frau Anita Serwacki in Brooklyn und hatte als Kind zwei Hunde: Phoebe und Sojourn.

JANET GINSBURG war Produzentin für *The Daily Show with Jon Stewart* und Redaktionsmitglied bei *The Onion*. Sie hat Kinderprogramme konzipiert und produziert und unter anderem in *Vibe*, *Blender* und *LA Weekly* veröffentlicht. Sie hat unzählige Hunde gehabt und geliebt, unter anderem Pogo, Aldo, Missy und Bucks. Janet lebt in Brooklyn.

CHRIS PAULS schreibt für *The Onion*. Er lebt in Middleton, Wisconsin.

ANITA SERWACKI schreibt für *The Onion* und für die PBS-Zeichentrickserie *Word Girl*. Sie arbeitet außerdem als DJ in New York City und war für die Musik in dem Dokumentarfilm *The Kid Stays in the Picture* verantwortlich. Anita wuchs mit einem Ehrfurcht gebietenden Husky namens Nyack auf – ein Experte, wenn es darum ging, aus einem eingezäunten Grundstück zu flüchten. Er hatte gelernt, an der Tür zu läuten, um wieder ins Haus zu gelangen. Sie lebt mit ihrem Mann Joe Garden in Brooklyn.

SCOTT SHERMAN schreibt für *The Onion* und ist Redaktionsmitglied für den Online-Kanal *The Onion News Network*. Er hat außerdem für das *New York Times Magazin* und für den Fernsehsender A&E geschrieben. Er lebt mit seiner Mischlingshündin Ella in New York City.

DIE ILLUSTRATORIN

EMILY FLAKE ist Illustratorin, Karikaturistin und Autorin. Sie hat die Cartoonfigur *Lulu Eightball* erschaffen und ist Autorin von *These Things Ain't Gonna Smoke Themselves*. Sie lebt mit ihrem Mann, der fast so tollpatschig ist, dass er als Welpe durch-gehen könnte, in Brooklyn und mag
Boxen, Stricken und Kuchen.

Helga Glaesener
Wölfe im Olivenhain

Historischer Roman. www.list-taschenbuch.de
ISBN 978-3-548-60858-7

Cecilia Barghini ist schockiert – ein grausiger Mord erschüttert das Städtchen Montecatini. Ein junger Fischer wurde von Hunden zerrissen. Wurde er Opfer eines Eifersuchtsdramas? Oder hat sein Tod mit einem böswilligen Sabotageakt zu tun? Cecilia hilft Richter Rossi bei seinen Ermittlungen. Ihr Eifer bringt sie in höchste Gefahr, als sie auf einer Kutschfahrt dem Mörder begegnet.

»Der Autorin gelingt ein humorvolles Sittengemälde und eine spannende Detektivgeschichte.« *Brigitte*

List Taschenbuch

L353

Wiglaf Droste,
Nikolaus Heidelbach,
Vincent Klink
Wurst

vierfarbig. www.list-taschenbuch.de
ISBN 978-3-548-60840-2

Rezepte, Legenden, Genuss: Es geht um die Wurst. Sie ist die Legende unter den Lebensmitteln und in aller Munde. Höchste Zeit, ihr ein bisschen auf die Pelle zu rücken. Der Sterne-Koch Vincent Klink liefert die Sachkenntnis, der Satiriker Wiglaf Droste zeigt, dass ein wilder Pöbler auch mal ein sanfter Pökler sein kann, und der Illustrator Nikolaus Heidelbach porträtiert die rassige Chorizo mit ebenso liebevoller Hingabe wie die sanft geschwungene Blutwurst.

»Wer nach der Lektüre keinen Hunger hat, dem ist auf Erden nicht zu helfen.« *Die Welt*

Yan Lianke

Dem Volke dienen

Roman. www.list-taschenbuch.de

ISBN 978-3-548-60909-6

Ein braver Soldat und die sexhungrige Gattin eines Divisionskommandeurs huldigen in Maos China kompromisslos ihrer Liebe und entfachen die wohl schönste, verrückteste und wildeste Konterrevolution der Volksrepublik. Yan Liankes Roman fiel in China der Zensur zum Opfer und wurde daraufhin übers Internet international ein Kultroman.

»So macht Kommunismus Spaß.« *Süddeutsche Zeitung*

»Eine Erzählung, deren Kern hinter dem funkelnden Witz traurig ist.« *Frankfurter Allgemeine Zeitung*

List Taschenbuch

L383